Ewald Hering

Beiträge zur Physiologie

Drittes Heft: Vom Horopter

Ewald Hering

Beiträge zur Physiologie
Drittes Heft: Vom Horopter

ISBN/EAN: 9783744658850

Hergestellt in Europa, USA, Kanada, Australien, Japan

Cover: Foto ©berggeist007 / pixelio.de

Weitere Bücher finden Sie auf **www.hansebooks.com**

BEITRÄGE
ZUR
PHYSIOLOGIE.

VON

EWALD HERING,
DOCT. MED. PRIVATDOCENT DER PHYSIOLOGIE.

DRITTES HEFT:

VOM HOROPTER.

MIT 10 HOLZSCHNITTEN.

LEIPZIG,
VERLAG VON WILHELM ENGELMANN.
1863.

VORWORT.

Das vorliegende Heft giebt die specielle Darlegung meiner im ersten Hefte summarisch gemachten Angaben über die Lage der identischen Stellen und die von derselben bedingte Gestalt des Horopters nebst den experimentellen Beweisen.

MEISSNER's Arbeit über den Horopter (Beiträge zur Physiol. des Sehorgans) ist hierbei eingehend berücksichtigt worden. Insofern diese Arbeit durch neue Versuche das Interesse an der Horopterfrage wieder anregte, darf man die ihr gewordene Anerkennung als eine verdiente bezeichnen, und ebenso scheint mir ihr Verdienst um die Lehre von den Augenbewegungen ein unbestreitbares. Was aber das Hauptergebniss betrifft, um deswillen die ganze Arbeit von MEISSNER unternommen wurde, d. h. was den gefundenen Horopter betrifft, so ist die Arbeit im Wesentlichen als eine verfehlte zu betrachten: ihren experimentellen Grundlagen fehlt die nöthige Exactheit, der mathematische Theil der Arbeit verstösst gegen die Elemente der Geometrie und Trigonometrie, die Hauptvoraussetzungen, auf denen die Arbeit ruht, sind nicht richtig und ebenso ein Theil der Schlüsse, welche aus den Experimenten gezogen werden. Bedenkt man nun, dass die schon 1843 erschienene Arbeit A. PRÉVOST's » *Sur la theorie de la vision binoculaire* « eine richtige Entwicklung des Horopters der Secundärstellungen nebst den experimentellen Beweisen gebracht hatte, so ist es um so mehr zu bedauern, dass diese Abhandlung über der MEISSNER'schen ins Vergessen gerieth und letztere in ihrem ganzen Umfange in die verbreitetsten Lehrbücher überging.

WUNDT's Ansichten über den Horopter habe ich nur beiläufig berührt; sie beruhen, soweit sie neu sind, auf falschen Beobachtungen und falschen Rechnungen. Ich werde an einem andern Orte das Resumé kritisiren, welches WUNDT selbst in POGGENDORFF's Annal. der Physik (Bd. 116. S. 617) von seinen Ansichten über Binocularsehen gab. Er hat in seinen verschiedenen Abhandlungen über diesen Gegenstand zwei Ansichten, die sich gegenseitig unbedingt ausschliessen, immer gleichzeitig vertreten. Auf der einen Seite verwirft er die

Identität und behauptet, es hänge nur von der Lage der Fläche ab, auf die man ein binoculares Netzhautbild »projicire«, ob man einfach oder doppelt sehe, und man könne daher ebensowohl mit nicht identischen Stellen einfach als mit identischen doppelt sehen: und auf der andern Seite benützt er wieder das Einfachsehen eines Aussenpunktes als Kriterium dafür, dass dieser Punkt im Horopter liege d. h. also, dass er sich auf identischen Stellen abbilde. So gehen beide Ansichten in seinen Abhandlungen über Binocularsehen und über die combinirten Augenbewegungen nebeneinander her, und je nach Bedürfniss wird bald die eine, bald die andre zur Erklärung richtiger und falscher Beobachtungen benützt. Zu dieser ersten Quelle grosser Verwirrung kommt noch eine zweite. Wundt macht zuerst (z. B. S. 179 im XII. Bande der Zeitschr. f. rat. Medic.) Angaben über die Lage der Trennungslinien bei verschiedenen Augenstellungen, die den ziemlich übereinstimmenden Beobachtungen Meissner's, v. Recklinghausen's und andrer Beobachter, denen auch ich mich anschliesse, diametral zuwider laufen, und einige Seiten später (z. B. l. c. S. 200) sagt er gleichwohl, es gehe also aus seinen Beobachtungen hervor, dass Meissner in der Hauptsache Recht habe. Auffällige Irrthümer über die einfachsten Gesetze der geometrischen Projection haben ihn zu diesen Widersprüchen verleitet.

A. Prévost's und Burckhardt's Arbeiten sind eingehend berücksichtigt worden und ebenso v. Recklinghausen's tüchtige Abhandlung über den Horopter; auch habe ich mich bemüht, das harte und ungerechtfertigte Urtheil, welches Meissner über letztere fällte, ausführlich zu widerlegen. Mit den sonstigen Ansichten v. Recklinghausen's bin ich übrigens nicht durchweg einverstanden.

Die Tiefenwahrnehmung, der Grössesinn der Netzhaut, der Ortsinn der Haut und der Muskelsinn werden den Inhalt der nächsten Hefte bilden. Das Urtheil über das, was ich aus diesen Gebieten schon im ersten Hefte vorgebracht habe, bitte ich solange zurückzuhalten, bis ich dieselben so ausführlich besprochen haben werde, wie dies in Betreff der Identität und des Horopters im zweiten und in diesem Hefte geschehen ist.

Leipzig im April 1863.

Der Verfasser.

INHALT.

...chen Stellen . . . .

Die Aufsuchung der identischen Stellen.

§. 72.

In §§. 3 und 7 habe ich bereits darauf hingewiesen, inwiefern die binoculare Betrachtung der Gestirne über die Lage der Deckstellen Aufschluss giebt. Nehmen wir der Einfachheit wegen an, der Kreuzungsraum der Richtungslinien oder Lichtrichtungen sei ein mathematischer Punkt, so ist uns bei Kenntniss der Lage dieses Punktes im Auge für jeden beliebigen Aussenpunkt zugleich die Lage seines Netzhautbildes gegeben, und wir können also jede beliebige Netzhautstelle, weit exacter als durch äussern Druck (JOH. MÜLLER), durch passende Localisirung eines leuchtenden Aussenpunktes in Reizung versetzen. Denn die Erzeugung leuchtender Kreise durch äussern Druck auf die Netzhaut ist angreifend, giebt zu grosse und unbestimmt begrenzte Bilder und ist nur auf peripherischen Netzhauttheilen möglich, welchen Mängeln gegenüber der einzige Vorzug dieser Methode, dass sie nehmlich keine Kenntniss des Ganges der Lichtstrahlen im Auge voraussetzt, nicht in Betracht kommen kann.

Wenn nun, wie ich behaupte, die gleiche und gleichzeitige Reizung eines Deckstellenpaares durch einen isolirten und von beiden Augen gleichweit entfernten Aussenpunkt stets zu einer einfachen Wahrnehmung führt, so hat man zum Beweise dieses Satzes das Bild eines weit entfernten leuchtenden Punktes nach und nach auf die verschiedenen Deckstellenpaare zu dirigiren und zu beobachten, ob dabei der leuchtende Punkt stets einfach erscheint. Zu diesem Zwecke kann man entweder den leuchtenden Punkt oder seinen Kopf oder seine Augen zweckmässig bewegen, letzternfalls vorausgesetzt, dass die gegenseitige Lage je zweier Deckstellen bei allen Richtungsänderungen der parallel gestellten Blickrichtungen (Gesichtslinien) dieselbe bleibt. Da dies innerhalb gewisser Grenzen der Fall ist, da ferner einzelne helle Sterne und für peripherische Netzhautstellen der Mond allen hier zu machenden Anforderungen genügen, so darf man eine zweckentsprechende doppeläugige Betrachtung dieser Gestirne als einen einfachen und fasslichen Versuch zur allgemeinen Bestimmung der Lage der Deckstellen ansehen.

Indessen sind hierbei zwei kleine Fehlerquellen wohl zu beachten. Erstens ändern bei den verschiednen Augenstellungen, wenngleich der betrachtete Punkt unendlich fern ist und die Blickrichtungen demnach parallel bleiben, doch die Netzhäute ein wenig ihre relative Lage zu einander, und die »horizontalen Trennungslinien« bleiben nicht immer in der Blickebene (Visirebene), ein Umstand, der freilich nur bei stärkerer Wendung des Blickes nach oben, rechts oder links erheblich wird; zweitens ist das Einfachsehen auch mit nicht genau, sondern nur nahebei sich deckenden Stellen möglich, wodurch bei Geübten ein kleiner, bei Ungeübten ein merklicher Fehler bedingt wird. Sind diese Fehler auch nicht gross genug, um die Ergebnisse des obigen Versuches in der Hauptsache zu alteriren, so wird doch die eingehendere Untersuchung vorläufig davon absehen müssen, das Einfacherseheinen zweier Netzhautbildpunkte ohne Weiteres als strenges Kriterium ihrer Decklage anzusehen. Es erschliesst sich indessen sofort ein andrer Weg zur Bestimmung der Lage der Deckstellen.

§. 73.

Haben, wie ich behaupte, Deckstellen die Eigenschaft, ihre gleichzeitigen Bilder stets in einer Richtung, d. i. in identischer Sehrichtung, und unter passenden Umständen an einem und demselben Orte innerhalb dieser Richtung zur Erscheinung zu bringen, so muss es unter passenden Umständen in Betreff der räumlichen Verhältnisse des Erscheinenden gleichgültig sein, ob man die jeweilige Aussenwelt in einem Auge abbildet, oder sie diesem Auge theilweise verdeckt und den verdeckten Theil im andren Auge auf Netzhautstellen abbildet identisch denjenigen, auf welchen er zuvor im ersten Auge lag. Fixirt man also z. B. bei Rückenlage einen Stern im Zenith zuerst mit einem

Auge und hierauf, während man dem rechten Auge die rechte, dem linken die linke Himmelshälfte genau bis an den fixirten Stern verdeckt, mit beiden Augen; so muss man in beiden Fällen genau denselben Anblick'haben. Dies ist denn auch wirklich der Fall.

Hiergegen nun lässt sich, vorausgesetzt, dass die »horizontalen Trennungslinien« bei dem Versuche in der Blickebene gelegen haben, nur einwenden, dass es nicht möglich sei, sich die gegenseitige Lage der Gestirne fest genug einzuprägen, um bei abwechselndem Anschauen derselben bald mit einer Netzhaut bald mit symmetrischen Hälften beider Netzhäute kleinere Veränderungen der scheinbaren Lage wahrzunehmen. Dieser Einwand fällt weg, wenn man mit Beibehaltung der leitenden Idee den Versuch zweckmässig abändert.

Man stelle beide Blickrichtungen horizontal und senkrecht zur »Grundlinie« (Verbindungslinie der Lichtrichtungsknoten) und gebe der Gesichtsfläche eine solche Neigung zur Blickebene, dass die »horizontalen Trennungslinien« in der Blickebene gelegen sind. Hierauf stelle man senkrecht zur beiderseitigen Blickrichtung (also parallel der Grundlinie) einen weissen ebenen Schirm vor sich auf und markire die Punkte, in denen die rechte und linke Blickrichtung den Schirm schneidet.

Dies ist leicht in folgender Weise auszuführen: Ein auf einer Seite weisser und völlig ebener Papp- oder Holzschirm wird parallel der Gesichtsfläche senkrecht aufgestellt. Gerade gegenüber dem einen Auge wird ein feines Loch senkrecht durch den Schirm gestossen, und auf der vom Gesichte abgewendeten Seite des Schirmes ein Kügelchen weiches Wachs über die Oeffnung gedrückt. Sodann sticht man von hinten eine feine lange und ganz gerade Nadel z. B. eine Insectennadel durch Wachs und Loch hindurch, legt auf der Vorderseite des Schirmes das Winkelmaass von mehrern Seiten an die durchgestossne Nadel und stellt sie dadurch, indem man zugleich von hinten den Nadelkopf in das weiche Wachs drückt, senkrecht zur vordern Schirmfläche. Kennt man bereits den gegenseitigen Abstand der beiden Lichtrichtungsknoten (Kreuzungspunkte der Richtungslinien) seiner parallel gestellten Augen, so bringt man in diesem Horizontalabstande von der ersten Nadel eine zweite gerade gegenüber dem andern Auge lothrecht zur Schirmebene an. Kennt man diesen Abstand nicht, oder will man den Apparat zugleich für andre Augen brauchbar machen, die einen etwas andern Abstand von einander haben, so macht man nach ungefährer Schätzung des Abstandes einen kurzen horizontalen Spalt für die zweite Nadel, stellt das Auge derjenigen Seite, auf welcher die erste Nadel befestigt ist, der letzteren so gegenüber, dass man sie bei Schluss des andern Auges in totaler Verkürzung d. h.

ihre Spitze als Centrum eines kleinen Hofes sieht, und schiebt dann, ohne den Kopf zu verrücken, die zweite bereits senkrecht gestellte Nadel versuchsweise im Spalte hin und her, bis sie dem nun geöffneten Auge ihrer Seite bei Schluss des ersten Auges ebenfalls in totaler Verkürzung erscheint. Dann befestigt man auch die zweite Nadel mit Wachs. Bei einiger Geschicklichkeit wird man nach abwechselnder Prüfung bald der rechten bald der linken Nadel schnell zum Ziele kommen. Der Mechanikus wird einen entsprechenden Apparat selbstverständlich solider anfertigen können.

Ueber die Vorderseite des Schirmes spannt man nun interimistisch zwei feine lothrechte Fäden, sodass je einer eine Nadel an ihrer Insertionsstelle berührt. Man kann die Fäden oben befestigen und unterhalb des Schirmes mit einer kleinen Last beschweren. Beide Fäden müssen genau rechtwinklig die gedachte Verbindungslinie beider Nadelinsertionen durchschneiden. Mit ungezwungener Kopfhaltung setzt man sich vor den Schirm und schiebt denselben soweit hinauf oder hinab, nach rechts oder links, bis jedes Auge für sich, d. h. bei Schluss des andern, die Nadel seiner Seite in totaler Verkürzung, so zu sagen punktförmig sieht. Hierauf fixirt man, ohne den Kopf im Mindesten zu verrücken, zunächst die Mitte zwischen beiden Nadeln, mindert dann allmählich die Convergenz der Augen und achtet auf die **sich einander nähernden** Trugbilder (Doppelbilder) der beiden Fäden, während man die andern beiden, sich voneinander entfernenden Trugbilder ausser Acht lässt. Sind die Augen dem Parallelismus nahe, fixirt man fest die scheinbare Mitte zwischen den beiden stark genäherten Trugbildern der Nadelinsertionen und bemerkt man dabei keine Divergenz der Faden-Bilder, so darf man annehmen, dass die »horizontalen Trennungslinien« in der Blickebene liegen, und schiebt dann durch eine entsprechende Augenbewegung die Trugbilder vollends zu einem einfachen Bilde zusammen. Hierauf lässt man, ohne die Augen im Mindesten zu bewegen, die Fäden entfernen und sieht nun also nur noch eine einfache, so zu sagen punktförmig verkürzte Nadel, welches Bild entstanden ist durch Verschmelzung der beiden auf den Stellen des directen Sehens gelegnen Bilder der in totaler Verkürzung erscheinenden Nadeln. **Von diesem Augenblicke an entspricht nun der Apparat allen oben gemachten Anforderungen.**

Jedes Auge erhält natürlich bei solcher Augenstellung zwei Nadelbilder, von welchen das eine direct gesehen wird und eine Nadel in totaler Verkürzung zeigt, während das andre, indirect gesehene, die andre Nadel in schräger Verkürzung zeigt. Letzteres Bild kommt bei unsrem Versuche nicht in Betracht.

Es versteht sich von selbst, dass der Schirm in eine Entfernung gebracht werden muss, in der die Fäden und Nadeln trotz der Parallelstellung der Augen deutlich genug gesehen werden können. Kurzsichtigkeit mittlen Grades eignet sich dabei am Besten; Normalsichtige müssen entweder unabhängig von der Augenstellung accommodiren können, was bekanntlich innerhalb gewisser Grenzen möglich ist, oder Linsen benützen, deren etwaiger störender Einfluss auf das Folgende zu berücksichtigen wäre.

Dass der Experimentirende trotz der Nähe des Schirmes seine Augen willkührlich parallel zu stellen vermöge, setze ich voraus. Wer Uebung im Stereoskopiren mit freien Augen hat, wird hierin keine Schwierigkeit finden. Uebrigens aber ist es leicht zu erlernen, und im Nothfalle kann man vor jedes Auge eine Röhre bringen.

Erscheinen die erwähnten Trugbilder der Fäden kurz vor ihrer Verschmelzung nicht parallel, so liegen die »horizontalen Trennungslinien« nicht in der Blickebene und die »vertikalen« nicht senkrecht zu derselben. Convergiren die Trugbilder nach oben, so sind die »vertikalen Trennungslinien« mit dem obern Ende nach aussen geneigt: dann muss man, während man die Augen möglichst an der alten Stelle lässt, den Kopf etwas nach hinten überbeugen, damit die Blickebene sich dem Nasenrücken etwas nähert. Sollten, was bei mir nicht vorkommt, die Trugbilder kurz vor ihrer Verschmelzung nach unten convergiren, so wären die »vertikalen Trennungslinien« entgegengesetzt geneigt, und man müsste den Kopf etwas nach vorn neigen, damit die Blickebene mit dem Nasenrücken einen etwas grösseren Winkel mache. Auf diese Weise wird man bald die richtige Stellung finden.

Wie man sieht, eignet sich der Apparat auch recht gut zur oberflächlichen Beobachtung der Lage der Trennungslinien bei den verschiedenen nach vorn gerichteten Parallelstellungen, ja es lässt sich derselbe mit einigen Abänderungen sogar zur Messung einrichten. Aus den schon gegebnen Andeutungen geht hervor, dass bei parallel nach vorn gestellten Blickrichtungen nur bei gewissen und zwar mittlen Lagen der Blickebene die »horizontalen Trennungslinien« genau in der Blickebene liegen und dass eine zuweit nach oben gerichtete Blickebene eine Divergenz der »vertikalen Trennungslinien« nach oben bedingt, während eine zuweit nach unten gerichtete Blickebene möglicherweise eine Convergenz nach oben bedingen könnte. Bei mir ist jedoch letzteres nicht der Fall, weil es mir bei wachsender Neigung der Blickebene nach unten sehr bald unmöglich wird, die Augen parallel zu erhalten; sie gehen vielmehr dabei sehr bald zwangsweise zur Convergenz über, ein Verhalten, welches in Harmonie steht mit unsrer Gewohnheit, die geradaus oder nach oben gerichteten Augen mehr für die Ferne, die nach unten gerichteten mehr für die Nähe zu gebrauchen. Die geringen Neigungen der Trennungslinien bei gewissen Parallelstellungen kommen übrigens, wie ich schon in § 22 angab, praktischerweise nicht sonderlich in Betracht. Wenn aber Meissner (Beitr. zur Physiol. des Sehorganes p. 86 u. §7) behauptet, die horizontalen Trennungslinien lägen bei senkrecht zur Grundlinie gestellten und also parallelen Sehaxen stets in einer Ebene, so ist dies, für meine Augen wenigstens, nicht ganz richtig.

Sind Augen und Apparat in der vorgeschriebenen Lage, die Blickrichtungen also parallel und senkrecht zur Grundlinie und Schirmebene und die horizontalen Trennungslinien in der Blickebene, so lässt sich in einfacher Weise finden, ob die der üblichen Theorie nach identischen Stellen es wirklich sind. Angenommen, die Gestalt der Netzhaut wäre uns gänzlich unbekannt, so würden wir die Lage der Deckstellen selbst zunächst ausser Acht zu lassen und nur zu untersuchen haben, welche Lichtrichtungen zu Deckstellen führen. Die Winkelabweichung jeder Lichtrichtung von der Blickrichtung lässt sich nach Grösse und Lage ablesen auf einer kugligen Hülfsfläche, die wir uns mit beliebigem Radius um den Lichtrichtungsknoten gelegt denken. Wo die über den Lichtrichtungsknoten hinaus nach hinten verlängerte Blickrichtung diese Kugelfläche schneidet, liege der Pol; um ihn lege man Parallelkreise und durch ihn Meridiane. Jede beliebige Lichtrichtung ist nun bekannt, wenn man den Parallelkreis und den Meridian kennt, in welchen die Lichtrichtung die Hülfskugelfläche durchschneidet.

Zieht man z. B. um die rechte Nadelinsertion mit beliebigem Radius eine schwarze Kreislinie auf dem weissen Schirme, so gehen die Lichtrichtungen sämmtlicher Punkte dieses Kreises durch einen und denselben Parallelkreis der Hülfskugelfläche; zieht man durch dieselbe Nadelinsertion eine Gerade von beliebiger Richtung, so gehen die Lichtrichtungen sämmtlicher Punkte dieser Geraden durch einen und denselben Meridian der Hülfskugelfläche. Wenn nun Lichtrichtungen, welche auf beiden Hülfskugelflächen denselben Meridian und Parallelkreis durchschneiden, kurz gesagt einander entsprechende Lichtrichtungen zu Deckstellen der Doppelnetzhaut gehören, so muss es in Hinsicht auf die bloss räumliche Wahrnehmung gleichgültig sein, ob wir um die eine Nadelinsertion eine ganze Kreislinie, oder ob wir um beide Nadelinsertionen sich ergänzende Stücke einer Kreislinie legen; beidenfalls müssen wir einen vollständigen Kreis sehen. Ebenso muss es räumlich gleichwerthig sein, wenn wir von der, durch die eine Nadelinsertion gelegten Geraden die eine Hälfte wegnehmen und sie in entsprechender Lage an der andern Nadelinsertion anbringen; auch dann noch müssen wir eine vollständige Gerade, wie zuvor mit einem Auge sehen.

Man lege also vergl. Fig. 67) um die eine Nadel einen Halbkreis z. B. nach rechts oder oben und um die andre mit demselben Halbmesser einen zweiten Halbkreis nach links oder unten: und man wird stets eine vollständige Kreislinie sehen, gleichgültig, wie gross der Halbmesser gewählt sei.*) Hierdurch ist also bewiesen, dass die Lichtrichtungen, welche in beiden Hülfs-

Fig. 67.

kugelflächen durch entsprechende Parallelkreise gehen, zu Netzhautpunkten gehören, welche in ihrer Gesammtheit sich in beiden Augen decken. Ferner ziehe man (vgl. Fig. 67) von der einen Nadelinsertion eine Gerade in beliebiger (radialer) Richtung, und von der andern Nadelinsertion eine zweite Gerade in genau entgegengesetzter (also paralleler) Richtung, und **man wird stets eine continuirliche, durch die einfach erscheinende Nadelinsertion hindurchgehende Gerade sehen:** Beweis, dass die Lichtrichtungen, welche zu einander entsprechenden Meridianen der Hülfskugelflächen gehören, die Netzhäute in Punkten durchschneiden, welche in ihrer Gesammtheit sich gegenseitig decken. Aus beiden Sätzen folgt sodann, dass **Lichtrichtungen zu Deckstellen gehören, wenn sie die beiden Hülfskugelflächen in zwei einander entsprechenden Punkten, d. h. in gleichen Parallelkreisen und gleichen Meridianen durchschneiden.** Damit ist der geforderte Beweis der räumlichen Gleichwerthigkeit solcher Netzhautpunkte geliefert, deren Lichtrichtungen in beiden Augen mit der Blickrichtung Winkel von gleicher Grösse und Lage einschliessen,

---

*) v. RECKLINGHAUSEN hat angegeben (Arch. f. Ophthalmol. Bd. V. Abth. 2. p. 131), dass er einen Kreis von 100—150ᵐᵐ Durchmesser, dessen Ebene mit ihrem Mittelpunkte senkrecht auf der Gesichtslinie des beobachtenden Auges steht, bei einäugiger Betrachtung nicht als Kreis, sondern im Durchmesser von oben und aussen nach unten und innen abgeplattet sehe. Er hat nicht hinzugefügt, bei welchem Abstande vom Auge er beobachtet hat. Bei meinen Augen tritt diese Verzerrung nicht merklich ein und ich kann also hier vorläufig davon absehen.

und mithin die durchgehende Identität der Netzhäute nachgewiesen.

Die Methode übertrifft die bisherigen an Genauigkeit. Zeither hat man zur Aufsuchung der Deckstellen nur Convergenzstellungen benutzt, was den Uebelstand hatte, dass dieselben erst gemessen werden mussten. Ausserdem erfordert die Methode keine Uebung im Unterscheiden der Doppelbilder und vermeidet überhaupt die erheblichen Fehler jener Methode, welche den zuvor theoretisch aus der hypothetischen Lage der Deckstellen abgeleiteten Horopter durch das Einfachsehen zu bestätigen oder gar den Horopter von vornherein empirisch festzustellen und somit indirect die Lage der Deckstellen zu ermitteln sucht.

§. 74.

Wie oben gezeigt wurde, lässt sich der Beweis der Identität der Netzhäute führen, und die Lage der Deckstellen (wenigstens der Richtung nach) bestimmen, ohne dass man Kenntniss hat von der Gestalt der Netzhaut. Die letztere könnte eben, gefaltet oder sonstwie geformt sein, so würden die obigen Versuche immerhin beweisen, dass auf beiden Netzhäuten die, zu gleichen Lichtrichtungen gehörigen Punkte Deckstellen sind. Die Gestalt der Netzhaut ist also, vorausgesetzt dass sie eine unveränderliche ist, für die Identität und demnach auch für die Horopterfrage zunächst gleichgültig. Dies ist streng festzuhalten gegenüber der vielverbreiteten, und besonders von MEISSNER vertretenen Ansicht, dass die Gestalt des Horopters aus der Gestalt der Netzhaut abzuleiten sei. Mag die normale Netzhaut constante Ausbuchtungen haben oder nicht, jedenfalls sind sie für die Horoptergestalt ohne allen Einfluss, wenn es bewiesen ist, dass diejenigen Lichtrichtungen zu Deckstellen führen, welche Winkel von gleicher Grösse und Lage mit den Blickrichtungen einschliessen. Vgl. hierüber auch §. 85.

Ich habe letzteren Satz für meine Augen bewiesen bei ruhender Accommodation derselben. Das so erhaltene Ergebniss gilt aber auch zugleich für jede Nähenaccommodation, vorausgesetzt, dass der Lichtrichtungsknoten auf der früheren Gesichtslinie, d. h. letztere dieselbe bleibt, was vielleicht nicht ganz genau der Fall ist, und dass die Netzhaut eine Krümmung hat, deren Mittelpunkt ebenfalls auf der Gesichtslinie liegt. Auch letzteres entspricht nicht genau der Wirklichkeit, doch kann die geringe Abweichung kaum in Betracht kommen. Rückt bei Accommodation für die Nähe der Lichtrichtungsknoten nach vorn z. B.

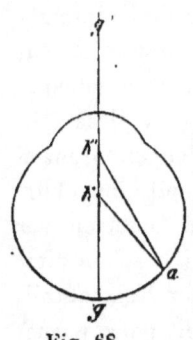

Fig. 68.

von k nach k' (Fig. 68), so wird der Netzhautpunkt a allerdings eine andre Lichtrichtung bekommen, d. h. eine solche, die mit der Blickrichtung gg' einen kleinern Winkel einschliesst. Genau dasselbe wird aber auch im andern Auge der Fall sein, und so werden gleiche Lichtrichtungen immer wieder zu Deckstellen führen müssen. Hätte die Netzhaut dagegen eine unregelmässige, wenngleich in beiden Augen symmetrische Krümmung, so würde die Lage der Deckstellen für verschiedene Accommodationsgrade besonders zu bestimmen sein, ein Punkt, auf welchen ich natürlich hier nicht weiter einzugehen brauche.

§. 75.

v. Recklinghausen (Netzhautfunktionen, Archiv f. Ophthalmol. Bd. V. Abth. 2. p. 143) schlug einen der Grundidee nach ähnlichen Weg ein, um zu beweisen, dass gleiche Parallelkreise der Netzhäute nur Deckstellen enthalten, d. h. identische Kreise sind. Dass dasselbe auch von gleichen Meridianen gelte, setzte er freilich dabei nur voraus. Er ging von der Ueberlegung aus, dass bei Convergenzstellungen der Kegelmantel, welcher von der Gesammtheit der Lichtrichtungen eines Parallelkreises gebildet wird, und welcher den Lichtrichtungsknoten zur Spitze, die Blickrichtung zur Axe hat, eine durch den Fixationspunkt senkrecht zur Medianlinie gestellte Ebene nicht in einem Kreise sondern in einer Ellipse durchschneidet, deren Mittelpunkt für das rechte Auge nach links, für das linke nach rechts vom fixirten Punkte zu liegen kommt. Ich will hier gleich hinzufügen, wie man sich dies Verhältniss in recht eclatanter Weise annähernd veranschaulichen kann. Man zeichne auf eine farbige Ebene eine starke Kreislinie von complementärer Farbe. Hierauf stelle man die Ebene dem einen Auge so gegenüber, dass die Blickrichtung desselben im Mittelpunkte des Kreises senkrecht auf die Ebene trifft. Man fixire nun anhaltend mit dem einen Auge den Mittelpunkt, während das andre Auge geschlossen ist. Dann halte man dem Auge eine andre Ebene von der Farbe der Kreislinie so vor, dass die Blickrichtung unter schiefem Winkel auf die Ebene trifft, und man wird das Nachbild des Kreises in überraschender Deutlichkeit als eine

Ellipse vor sich sehen. Will man sich die Mühe geben, die Ellipse zuvor zu berechnen und auf die zweite Ebene passend aufzuzeichnen, so wird man das elliptisch erscheinende Nachbild mit der gezeichneten Ellipse zur Deckung bringen können. Freilich wird diese elliptische Auslegung eines kreisförmigen Nachbildes ihre engen Grenzen haben, und die Ellipse, in der das Nachbild erscheint, mit einem kürzeren grossen Durchmesser erscheinen, als nach den Gesetzen der Projection erforderlich wäre; denn wir können, wie ich schon öfter hervorhob, zwar die perspectivischen Verkürzungen der Netzhautbilder in der Anschauung einigermassen, aber doch nicht ganz wieder ausgleichen.

Umgekehrt kann sich nun auch bei Convergenzstellungen ein Kreis, dessen Ebene im fixirten Punkte senkrecht zur Medianlinie, also unter schiefem Winkel zur jederseitigen Blickrichtung steht, nicht auf einem Parallelkreise der Netzhaut abbilden, sondern muss eine perspectivische Verzerrung erleiden. Sperrt man jetzt die beiden äussern oder innern Netzhauthälften ab, so wird von beiden Zerrbildern des Kreises nur je eine Hälfte übrigbleiben, und beide auf der Doppelnetzhaut symmetrisch gelegne Hälften werden sich zu einer symmetrischen Figur zusammensetzen, die bei Absperrung der äussern Netzhauthälften meistens, bei Absperrung der innern stets und zwar letzternfalls sehr merklich von einem Kreise abweicht. Man kann dies in der That beobachten, und es ist bei Absperrung der innern Netzhauthälften aus leicht ersichtlichen Gründen sogar sehr eclatant. Man könnte vielleicht erwarten, dass nach Analogie des oben beschriebnen Versuchs die perspectivische Verzerrung der Kreishälften sich auch hier in der Anschauung wieder nahebei ausgleichen lasse, indessen ist dies nicht der Fall und zwar deshalb nicht, weil diese Ausgleichung gleichzeitig für jedes Auge in anderm Sinne erfolgen müsste, was wegen der Identität des Sehfeldes nicht möglich ist. Bei Besprechung des Grössesinns der Netzhaut wird auf diesen Punkt näher einzugehen sein.

Knickt man die Ebene des beobachteten Kreises in ihrem Vertikaldurchmesser, so wird bei bestimmtem Neigungswinkel beider Halbkreisebenen zu einander je eine senkrecht auf einer Blickrichtung stehen. Knickt man die Kreisebene unter entsprechendem Winkel nach vorn, so steht die linke Hälfte der Halbkreisebene senkrecht auf der rechten, die rechte senkrecht auf der linken Blickrichtung. Knickt man nach hinten, so ist das Entgegengesetzte der Fall. Sperrt man nun ersternfalls die innern, letzternfalls die äussern Netzhauthälften ab, so bilden sich beide Halbkreise auf identischen Parallelkreisen, aber auf entgegengesetzten Hälften derselben ab, und man muss nun dasselbe sehen wie bei der einäugigen Betrachtung eines entsprechenden, auf der Blickrichtung senkrecht stehenden Kreises. v. RECKLINGHAUSEN bestimmte bei Absperrung erst der innern, dann der äussern Netzhauthälften den Winkel, bis zu welchem er die beiden Halbkreisebenen gegeneinander neigen musste, um das Bild eines regelmässigen Kreises zu erhalten, und fand, dass jene Winkel stets den Convergenzwinkel der Blickrichtungen annähernd zu 2 R ergänzte, woraus er schloss, dass seine Voraussetzung der Identität gleicher Parallelkreise richtig war.

Für die Absperrung der innern Netzhauthälften lasse ich die Methode gelten, denn dabei ist die Verzerrung sehr bedeutend, und wenn man auch in den Einzelversuchen sicher Fehler von einigen Graden begehen kann, so wird sich dies doch vielleicht durch Aufsuchung eines Mittelwerthes aus vielen Versuchen einigermassen ausgleichen lassen. Bei Absperrung der äussern Netzhauthälften dagegen kann die Verzerrung unter Umständen gleich Null sein, und meist ist sie wenigstens unbedeutend, was von der Grösse des Convergenzwinkels und des Kreisdurchmessers abhängt. Hierbei werden sich also leicht grössere Fehler einschleichen. Ausserdem erfordert die Methode noch die Messung des Convergenzwinkels und ist also im Ganzen für den vorliegenden Zweck etwas verwickelt.

MEISSNER behauptet (Jahresber. f. 1859 p. 606) »dass, wenn der (ebenbeschriebene) Versuch bei ganz genauer Bewahrung des Fixationspunktes, d. h. bei ganz genau constantem parallaktischen Winkel angestellt werde (wozu man indessen einiger Uebung bedürfe), das Resultat keineswegs das von v. RECKLINGHAUSEN angegebene und geltend gemachte sei, auch kein irgend wie in gleichem Sinne geltend zu machendes (eher könne es den Gegenbeweis liefern), dass aber das von v. RECKLINGHAUSEN angegebene Resultat gar leicht zu sehen sei für jeden, der im Stereoskopiren mit freien Augen geübt sei, aber auch sofort zu erklären sei.« Diese Behauptungen MEISSNER's sind mir um so auffälliger, als ich erstens im festen Fixiren genügende Uebung habe und doch v. RECKLINGHAUSEN's Angaben bestätigen muss, und als ich zweitens zwar im freien Stereoskopiren ebenfalls geübt bin, aber nicht einsehe, inwiefern jemand bei dem Versuche Gelegenheit haben soll, von dieser

Fertigkeit Gebrauch zu machen, da es sich dabei lediglich um indirectes Sehen und nicht um Verschmelzung oder Unterscheidung von Doppelbildern handelt. Nebenbei ergiebt sich übrigens aus dem Versuche, das Irrthümliche von MEISSNER'S angeblichem Horopter der convergenten Secundärstellungen (vgl. hierüber noch §. 85 und 86).

§. 76.

Sehr überzeugend lässt sich die im §. 73 bewiesene Identität der Netzhäute, d. h. also auch die Einheit des subjectiven Sehfeldes in folgender Weise demonstriren und dabei zugleich die ganze Projectionstheorie sowie überhaupt die irrige Annahme widerlegen, dass uns die Netzhautbilder auf ihren Lichtrichtungen (Richtungslinien) erscheinen. Man zeichne auf eine Ebene eine zur Grundfärbung stark contrastirende, nicht zu grosse, aber hinreichend breite Kreislinie, fixire dann z. B. mit dem linken Auge bei sehr heller Beleuchtung den Mittelpunkt des mit seiner Ebene senkrecht zur Blickrichtung gestellten Kreises und erzeuge sich somit von letzterem ein recht lebhaftes Nachbild. Hierauf schliesse man das Auge, öffne das zuvor geschlossene rechte Auge und blicke mit demselben z. B. in einen ziemlich finstern Kasten, der jedoch soweit beleuchtet sein muss, um einen dem Auge gegenüber befindlichen markirten Punkt wahrzunehmen, der sich auf einer mattschwarzen, senkrecht zur Blickrichtung stehenden Ebene befindet. Diesen Punkt fixire man anhaltend, und bald wird man das Nachbild des linken geschlossenen Auges im Umkreise des mit dem rechten Auge fixirten Punktes auf der mattschwarzen Ebene auftauchen sehen. Hier erscheint also das im linken Auge befindliche Nachbild an identischer Stelle im Sehfelde des rechten Auges, welches kein Nachbild erhielt. Giebt man dem Fixationspunkte des rechten Auges genau denselben Abstand, welchen zuvor der Kreismittelpunkt vom linken Auge hatte, so wird man das Nachbild genau in derselben Grösse sehen, wie zuvor den Kreis selbst. Man kann sich auf der mattschwarzen Fläche einen Kreis von der Grösse des erstbenutzten Kreises durch einzelne Marken andeuten, und man wird das Nachbild diese Marken decken sehen. Dies ist ein sehr handgreiflicher Beweis für die Einheit des binocularen Sehfeldes; das Bild, das auf der linken Netzhaut erzeugt wurde, wird mit dem rechten

Auge noch dazu an einem Orte gesehen, zu welchem die Richtungslinien des linksäugigen Nachbildes gar nicht hingelangen, auch wenn man sich dieselben durch die geschlossnen Lider hindurch bis zur mattschwarzen Fläche verlängert denkt. Denn es ist eine schon oft hervorgehobene und leicht zu constatirende Thatsache, dass wenn man mit dem einen Auge einen nahen, gerade vor dem Auge gelegnen Punkt fixirt, das andre geschlossne Auge sich nicht auch mit seiner Blickrichtung auf diesen Punkt einstellt, sondern einen viel geringeren Convergenzgrad bewahrt. Oeffnet man dann plötzlich das geschlossne oder auch nur verdeckte Auge, so erscheint der vom andern Auge fixirte Punkt im ersten Augenblicke in sehr distanten ungleichseitigen Doppelbildern. Bei unserm Versuche würden also die Richtungslinien des linksäugigen Nachbildes die mattschwarze Fläche an einem ganz andern Orte, d. h. viel weiter nach links durchschneiden, als wo dem rechten Auge das Nachbild erscheint. Auch müsste dann das Nachbild als Ellipse und nicht als Kreis erscheinen. Ueberhaupt aber ist es eigentlich müssig, den Fall zu berücksichtigen, dass Einer die abenteuerliche Meinung aufstellen könnte, auch bei diesem Versuche werde nach den Richtungslinien gesehen.

Es versteht sich, dass man den Versuch beliebig abändern kann. Erstens kann man Kreise von verschiedenem Durchmesser, dann aber auch gerade Striche von beliebiger Lage, oder einzelne Flecke zur Erzeugung des Nachbildes benützen. Sobald man aber nicht einen Kreis wählt, muss man sich erinnern, dass die Trennungslinien der einen Netzhaut zum nachbilderzeugenden Striche oder dgl. vielleicht nicht genau dieselbe Lage haben wie die Trennungslinien der andern Netzhaut zu den entsprechenden Stellen der mattschwarzen Fläche, denn die eine Netzhaut könnte ja doch im Vergleich zur andern um die Augenaxe ein wenig verdreht sein. Dies wäre also genau genommen mit einzurechnen. Thut man dies, so lässt sich dann die durchgehende Identität der Netzhäute Punkt für Punkt in ganz ähnlicher Weise nachweisen, wie dies im §. 73 nach einer andern und leichteren Methode geschehen ist.

184

Der mathematische Horopter.

§. 77.

Nachdem der Beweis geführt ist, dass Lichtrichtungen, welche mit den Blickrichtungen Winkel von gleicher Grösse und Lage einschliessen, zu Deckstellen der Doppelnetzhaut führen, lässt sich der Horopter durch Rechnung finden. Ich verstehe hierbei unter Horopter die Gesammtheit der Punkte, in denen sich bei gegebener Augenstellung je zwei zu Deckstellen gehörige Lichtrichtungen durchschneiden. Den durch Rechnung gefundenen Horopter nenne ich den mathematischen im Gegensatze zum empirischen Horopter, welcher direct durch den Versuch bestimmt wird. Der mathematische Horopter kann, wenn er aus gleichen Voraussetzungen berechnet wird, natürlich kein Gegenstand des Streites sein, sofern man richtig rechnet. Diese Voraussetzungen aber waren zeither fast ausschliesslich folgende: 1) dass die Netzhaut eine Kugelkrümmung habe, 2) dass ihr Krümmungsmittelpunkt mit dem Lichtrichtungsknoten zusammenfalle, 3) dass Deckstellen diejenigen seien, die gleichweit und in gleicher Richtung vom Punkte des directen Sehens abstehen. Die ersten beiden Voraussetzungen sind bekanntlich nicht ganz richtig, und die dritte war wenigstens nicht durchgängig bewiesen, woraus sich der Uebelstand ergab, dass man ihre Richtigkeit erst nachträglich durch experimentelle Bestätigung darthun konnte, was aus schon angeführten und noch zu besprechenden Gründen nur annäherungsweise möglich ist.

Nach den Erörterungen des vorigen Abschnittes habe ich keine einzige der drei Voraussetzungen mehr nöthig. Die Gestalt der Netzhaut ist mir für die Horopterberechnung gleichgültig, die Lichtrichtungsknoten sind mir gegeben und die Lage der Lichtrichtungen, welche zu Deckstellen gehören, habe ich experimentell bestimmt.

Ich komme jetzt auf die bereits in §. 6 erörterte Eintheilung der Netzhäute zurück, welche in der Horopterfrage, so wie überhaupt in vielen Fällen, der üblichen Eintheilung nach Parallelkreisen und Meridianen vorzuziehen ist. Ich nenne also die »horizontale Trennungslinie« den mittlen Querschnitt. Durch denselben und die Blickrichtung lege ich eine Ebene und in dieser Ebene durch den Lichtrichtungsknoten eine zur Blickrichtung rechtwinklige Linie; hierauf drehe ich die Ebene um diese Linie als Axe. Je nach der Grösse des Drehungswinkels wird die Netzhaut von der Ebene in bestimmter Richtung durchschnitten: diese Durchschnitte nenne ich die **Nebenquerschnitte** der Netzhaut und zwar die über dem mittlen Querschnitt gelegnen die **obern**, die unterhalb gelegnen die **untern**. Die »vertikale Trennungslinie« nenne ich den **mittlen Längsschnitt**. Durch ihn und die Blickrichtung lege ich ebenfalls eine Ebene und in letzterer durch den Lichtrichtungsknoten eine zur Blickrichtung rechtwinklige Linie, um welche als Axe ich die Ebene des mittlen Längsschnittes drehe; die so erhaltenen Netzhautschnitte nenne ich **Nebenlängsschnitte** und unterscheide wieder die **rechten** und die **linken**. Die mittlen Quer- und Längsschnitte werden mit 0^0, die Nebenschnitte entsprechend dem Drehungswinkel der erwähnten Ebenen nach Graden bezeichnet. Wäre die Netzhaut eine Kugelfläche mit dem Lichtrichtungsknoten als Krümmungsmittelpunkt, so würde man diese Grade direct an der Netzhaut ablesen können; denn die sämmtlichen Quer- und Längsschnitte wären dann nichts weiter als zwei senkrecht zu einander gestellte Meridiansysteme der Kugelfläche. Die beiden erwähnten Axen, welche sich rechtwinklig im Lichtrichtungsknoten kreuzen, nenne ich die Axe der Längsebenen und die Axe der Querebenen. **Querebene** (**obre**, **untre**, **mittle**) ist jede durch einen beliebigen Querschnitt und den Lichtrichtungsknoten gelegte Ebene, **Längsebene** (**linke**, **rechte**, **mittle**) jede durch einen beliebigen Längsschnitt und den Lichtrichtungsknoten gelegte Ebene. Jede Quer- oder Längsebene enthält die Gesammtheit aller, dem entsprechenden Netzhautschnitte zugehörigen Lichtrichtungen. Ein beliebiger Netzhautpunkt ist bestimmt, wenn ich den Quer- und den Längsschnitt kenne, auf denen er liegt.

Von der Gestalt der Netzhaut sowohl als von der Netzhaut überhaupt kann ich nun vorläufig absehen. Zur Horopterbestimmung habe ich nichts weiter nöthig, als die beiden Lichtrichtungsknoten und die beiden Systeme der, in den äussern Raum hinaus verlängerten Schnittebenen. Wenn zwei identische Schnittebenen sich vor den Augen im sichtbaren Raume schneiden (oder zusammenfallen), so muss jeder Punkt der Linie (beziehendlich Ebene), in der dies geschieht, sich auf identischen Netzhautschnitten abbilden. Der Inbegriff der Punkte im Raume, welche zwei identischen Längsebenen gemein sind, ist also zugleich der Inbegriff der Punkte, welche sich auf identischen Längsschnitten abbilden, sei es, dass ihr Bild zugleich auch auf identischen Querschnitten d. h. völlig identisch, sei es, dass es auf differenten Querschnitten liegt. Die Gesammtheit der Orte, wo identische Längsebenen sich schneiden, heisse der Horopter der Längsschnitte, die Gesammtheit der Orte, wo identische Querebenen sich schneiden, Horopter der Querschnitte. Der eigentliche Horopter, d. i. der Horopter der Deckstellen ist dann also die Gesammtheit der Orte, welche ebensowohl im Querschnitt- als im Längsschnitthoropter liegen, d. h. beiden Horopteren gemeinsam sind.

Demnach werde ich für die verschiedenen Augenstellungen zuerst den Horopter der Längsschnitte, sodann den der Querschnitte und endlich die Durchschnittsorte beider bestimmen.

§. 78.

Gerade Fernstellung mit gleichliegenden Mittelschnitten (Primärstellung und parallele Secundärstellungen Meissner's). Liegen beide Blickrichtungen senkrecht zur Grundlinie und die mittlen Längsschnitte parallel, so stehen je zwei identische Längsebenen parallel, schneiden sich also so zu sagen in unendlicher Ferne, je zwei identische Querebenen aber fallen zusammen, schneiden sich also so zu sagen überall. Demnach ist der Horopter der Längsschnitte eine in unendlicher Ferne senkrecht auf den Blickrichtungen stehende Ebene, der Horopter der Querschnitte der gesammte Raum nach seinen drei Dimensionen. Die auf den Blickrichtungen senkrechte unendlich ferne Ebene ist also zugleich der Horopter der Deckstellen, denn sie enthält die Punkte, welche beiden Horopteren gemeinsam sind.

§. 79.

Gerade Fernstellung mit symmetrisch geneigten Mittelschnitten. Liegen beide Blickrichtungen senkrecht zur Grundlinie und sind die mittlen Längsschnitte symmetrisch mit den oberen

Enden nach aussen (oder innen) geneigt, so convergiren je zwei identische Längsebenen nach unten (oder oben) und schneiden sich in einer der Blickebene parallelen Ebene, deren Vertikalabstand von der Blickebene abhängt von der Neigung der mittlen Längsschnitte oder, was dasselbe besagt, von dem Convergenzwinkel der mittlen Längsebenen (vulgo Convergenz der vertikalen Trennungslinien nach unten oder oben). Ist g die halbe Grundlinie, x der Neigungswinkel des mittlen Längsschnitts zur Blickebene, so ist $g\, \text{tang}\, x$ der Abstand jener Ebene, welche sämmtliche Durchschnittslinien der identischen Längsebenen enthält und demnach den Horopter der Längsschnitte darstellt. Je zwei identische Querebenen convergiren nach oben (oder unten) und schneiden sich in einer Ebene, welche auf der Mitte der Grundlinie senkrecht steht, d. h. in der Medianebene, welche also den Horopter der Querschnitte darstellt. Beide Horopteren schneiden sich in einer der Medianebene angehörigen und der Blickebene parallelen Linie, die bei einem Abstande $= g\, \text{tang}\, x$ unterhalb (oder oberhalb) der Blickebene gelegen ist und den Horopter der Deckstellen bildet.

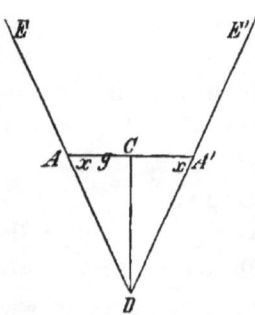

Fig. 69.

Beweis. $EDE'C$ sei eine durch die Grundlinie AA' vertikal zur Blickebene gelegte Ebene; DE und DE' seien die Durchschnitte der mittlen Längsebenen durch jene Ebene (Axen der Längsebenen) und also x der Neigungswinkel der mittlen Längsschnitte zur Blickebene; AC d. i. die halbe Grundlinie heisse g: dann ist $\dfrac{CD}{g} = \text{tang}\, x$;

$CD = g\, \text{tang}\, x$.

Je zwei andre identische Längsebenen müssen die Vertikalebene $EDE'C$ ebenfalls in ED und $E'D$ durchschneiden, sich selbst also ebenfalls im Punkte D. Ausserdem ist leicht ersichtlich, dass je zwei identische Längsebenen die Blickebene in parallelen Linien durchschneiden müssen, woraus wieder folgt, dass sie sich selbst in einer der Blickebene parallelen Linie durchschneiden. Sämmtliche Durchschnittslinien der identischen Längsebenen gehen also durch D und zwar parallel der Blickebene, bilden demnach in ihrer Gesammtheit eine der Blickebene parallele, durch D gelegte Ebene.

Je zwei identische Querebenen müssen sich darum in der Medianebene schneiden, weil sie symmetrisch gegen dieselbe geneigt sind.

§. 80.

Gerade Nahstellung mit gleichliegenden Mittelschnitten (convergente Secundärstellungen MEISSNER's). Convergiren die Blickrichtungen symmetrisch und stehen die mittlen Längsschnitte senkrecht zur Blickebene, so convergiren je zwei identische Längsebenen nach vorn (und zwar alle unter demselben Winkel) und schneiden sich in einer zur Blickebene vertikalen Linie. Die Gesammtheit dieser Durchschnittslinien bildet einen Cylindermantel, welcher die Blickebene senkrecht durchschneidet in einem durch den Fixationspunkt und die beiden Lichtrichtungsknoten gelegten Kreise. Dieser Cylindermantel, welchen Joh. MÜLLER für den Horopter der Deckstellen überhaupt hielt, ist also nur der Horopter der Längsschnitte. Die beiden mittlen Querebenen fallen zusammen; je zwei Nebenquerebenen schneiden sich in einer zur Blickebene geneigten, in der Medianebene gelegenen Linie und die Gesammtheit dieser Durchschnittslinien bildet die Medianebene. Blickebene und Medianebene zusammen bilden also den Horopter der Querschnitte. Derselbe schneidet den Horopter der Längsschnitte in einem durch den Fixationspunkt und die Lichtrichtungsknoten gelegten Kreise und in einer auf diesem Kreise senkrechten und in der Medianebene gelegnen Geraden. Kreis und Gerade bilden also den Horopter der Deckstellen.

Schiefe Nahstellung mit gleichliegenden Mittelschnitten. Convergiren die Blickrichtungen unsymmetrisch, während die mittlen Längsschnitte vertikal zur Blickebene liegen oder unter gleichem Winkel und in gleicher Richtung zu derselben geneigt sind, so ergiebt sich durch ähnliche Betrachtung genau derselbe Horopter der Deckstellen; der einzige Unterschied ist der, dass die zur Blickebene vertikale Horopterlinie jetzt nicht mehr, wie vorhin, zugleich durch den fixirten Punkt geht, sondern dass dieser seitlich auf der Horopterkreislinie liegt.

Mit einem ausführlichen Beweise dieser bekannten Horopterlinien brauche ich mich nicht aufzuhalten. Er ist zuerst ausführlich von A. PRÉVOST, allerdings nach einer andern Methode und unter den oben (§. 77) angeführten nicht streng bewiesenen Voraussetzungen gegeben worden. Nachdem PRÉVOST in seiner ersten Abhandlung (*Essai sur la théorie de la vision binoculaire Genève* 1843) nur die symmetrischen Convergenzstellungen berücksichtigt hatte, dehnte er später (POGGENDORFF's Annalen der Phys. 1844. Bd. 62. S. 548) die Betrachtung auch auf die unsymmetrischen Convergenzstellungen aus, wobei er immer gleichliegende Mittelschnitte voraussetzte.

BURCKHARDT (Ueber Binokularsehen, Verhandl. d. naturforsch. Ges. in Basel I. Th. p. 123) hat sich, auf denselben Voraussetzungen fussend, den Angaben PRÉVOST's angeschlossen, nachdem er unabhängig von ihm und auf anderm Wege zu demselben Ergebniss gelangt war. Dass die vertikale Horopterlinie bei unsymmetrischen Convergenzstellungen nicht durch den fixirten Punkt gehen kann, hat er unberücksichtigt gelassen, dagegen hat er Folgendes (S. 126) ergänzend hinzugefügt: »Horizontal doppelt erscheinen alle Punkte, welche 1) in der Horopterebene (d. i. Visirebene), 2) in einer Ebene liegen, welche senkrecht auf der Mitte der Verbindungslinie beider Augenmittelpunkte steht (d. i. Medianebene). Vertikal doppelt erscheinen alle Punkte, welche auf einem Cylinder liegen, dessen Erzeugungskreis der Horopter, und dessen Achse senkrecht auf demselben steht.«

»Für alle andern Punkte des Raumes tritt zugleich eine vertikale und seitliche Verschiebung ein.«

»Die beiden genannten Ebenen, in welchen sich alle horizontal doppelt gesehenen Punkte befinden, und der Cylinder, welcher alle vertikal doppelt gesehenen enthält, schneiden sich aber in dem MÜLLER'schen Horopterkreise und in den beiden dazu senkrechten Linien, welche oben sind construirt worden« (d. i. PRÉVOST's vertikale Horopterlinie).

BURCKHARDT hat sich mit der Angabe dieser Ergebnisse begnügt, ohne seine Methode und Beweisführung hinzuzufügen. Es ist aber wahrscheinlich, dass er von derselben Netzhauteintheilung ausgegangen ist, die ich zu Grunde gelegt habe. Bei der Verwerthung seiner Ergebnisse hat jedoch BURCKHARDT die irrige Voraussetzung gemacht, dass ein Aussenpunkt, welcher sich auf identischen Längsschnitten, aber nicht auf identischen Punkten derselben abbildet, »vertikal doppelt«, einer, der sich auf identischen Querschnitten aber differenten Längsschnitten abbildet, »horizontal doppelt« erscheinen müsse. Dies ist streng genommen nicht der Fall. Es würde richtig sein, wenn (beide Netzhäute einmal als eine gedacht) der Winkel der beiden Schnittebenen, in denen die Lichtrichtungen zweier Netzhautbildpunkte liegen, das Maassgebende für deren scheinbare horizontale oder vertikale Distanz wäre. Nun aber erscheinen zwei gerade Parallelen, die in einer auf der Blickrichtung senkrechten Ebene liegen, bei fester einäugiger Fixation keineswegs genau parallel, vielmehr zeigen beide eine schwache Krümmung, deren Concavität sie einander zuwenden, so dass sie ein wenig nach oben und unten convergiren. Dasselbe ist der Fall, wenn ich bei Secundärstellung die eine Parallele im einen, die andre im andern Auge abbilde, oder wenn ich mir bei Secundärstellung das Doppelbild einer Geraden erzeuge, die in einer zur Medianlinie senkrechten Ebene gelegen ist. Gleichwohl können nen dabei die Netzhautbilder auf Längs- oder Querschnitten liegen, wenn nehmlich die Beobachtungslinie in der Medianebene oder in der Blickebene oder einer von beiden parallel liegt. Letzternfalls müssten die Doppelbilder nach BURCKHARDT nur vertikal oder horizontal verschoben, also stets streng parallel erscheinen. Die Verzerrung rührt z. Th. von der Netzhautkrümmung her, infolge deren zwei Quer- oder Längsschnitte in ihren peripherischen Theilen sich mehr und mehr nähern und endlich durchschneiden. Reizte man daher in einem Auge z. B. den Punkt (oder Pol), wo sämmtliche Querschnitte sich an der Nasenseite durchschneiden, und in demselben (oder im andern) Auge einen möglichst peripherisch gelegnen Punkt des mittlen Längsschnittes, so würden die beiden gereizten Punkte auf einem und demselben (oder auf identischen) Querschnitte liegen, müssten also nach BURCKHARDT's Voraussetzung bei gewöhnlicher Kopfstellung in einer Horizontalen erscheinen, während doch in Wahrheit der eine gerade nach aussen, der andre nach oben oder unten erscheint. Bei Besprechung des Grössesinns der Netzhaut wird auf jene Verzerrung ausführlich zurückzukommen und auch zu erörtern sein, warum dieselbe nicht in den optischen Medien begründet sein kann. Vergl. übrigens §. 89.

Auch v. RECKLINGHAUSEN, Arch. f. Ophthalm. Bd. V.Abth. II. S. 127) bestimmte den Horopter bei Secundärstellung. Er ging davon aus, dass die beiden Lichtrichtungen eines Aussenpunktes in einer Ebene liegen, welche bestimmt ist durch den Aussenpunkt und die beiden Lichtrichtungsknoten. Angenommen nun, dass es identische Meridiane und Parallelkreise giebt, so müssen die beiden Lichtrichtungen des Aussenpunktes identische Meridiane in identischen Parallelkreisen (d. h. bei gleichem Winkel mit den Blickrichtungen) durchschneiden, wenn der Aussenpunkt sich auf Deckstellen abbilden soll. v. RECKLINGHAUSEN wählte auf der einen Netzhaut einen beliebigen Punkt eines beliebigen Meridians und nannte den Winkel, zwischen letzterem und dem in der Blickebene gelegenen Meridiane α, zog sodann vom gewählten Punkte die zugehörige Lichtrichtung und nannte den Winkel, den sie mit der Blickrichtung einschloss ξ. Hierauf legte er durch diese Lichtrichtung und den Lichtrichtungsknoten des andern Auges eine Ebene; aus dem Punkte, in dem dieselbe den identischen Meridian dieses andern Auges durchschnitt, zog er ebenfalls die zugehörige Lichtrichtung und nannte die Winkel zwischen ihr und der entsprechenden Blickrichtung ξ'. Wäre nun $\xi' = \xi$, so würden die beiden gezognen Lichtrichtungen zu identischen Punkten gehören. Indem er nun den halben Convergenzwinkel der Blickrichtungen φ nannte, suchte er die Formel für das Verhältniss des Winkels ξ zu ξ' und fand $\cot g\, \xi' = \cot g\, \xi + 2\, tg\, \varphi \cos \alpha$. Diese Formel lehrt, dass nur in ganz bestimmten Fällen $\xi' = \xi$ wird, d. h. wenn $2\, tg\, \varphi \cos \alpha = 0$ ist, dass also nur in diesen besondern Fällen die Lichtrichtungen identischer Punkte in einer Ebene liegen, also auch nur dann sich schneiden können und also endlich nur dann zwei identische Punkte von einem und demselben Aussenpunkte das Bild erhalten können.

v. RECKLINGHAUSEN erläuterte seine Formel folgendermassen : »Wird $\varphi = 0$, so ist die Möglichkeit der Durchschnittspunkte im Raume gegeben, wenn $\xi = \xi'$; wird $\alpha = R$, $\cos \alpha = 0$, so ist dasselbe der Fall; für

$\alpha = 0$, für die horizontalen Meridiane endlich bleiben selbstverständlich die Richtungslinien in einer Ebene.«

MEISSNER (Jahresber. für 1859 S. 602) hat die Betrachtung v. RECKLINGHAUSEN's angegriffen. Er erklärte sie überdem als zur »feineren Ausarbeitung« dessen gehörig, um dessen »Ermittelung in den Hauptzügen« es sich vorerst immer nur gehandelt habe, als eine jener feineren Correcturen zu der, seiner Meinung nach, von ihm im Allgemeinen festgestellten Horopterlehre. Dagegen ist zu sagen, dass die erwähnte Formel gerade eine allgemeine Grundlage für die theoretische Entwicklung des Horopters der Secundärstellungen enthält und dass sie zur Horopterlehre MEISSNER's in keiner andern Beziehung steht, als dass sie dieselbe in theoretischer Hinsicht als falsch erweist.

MEISSNER sagt weiter: »Der Verfasser scheint aber auch in der That nicht recht bemerkt zu haben, um was es sich bei seiner Berechnung eigentlich handelt, denn die ganze Art, wie der Verf. das, was seine vollkommen richtige Schlussformel aussagt, in Worten ausdrückt, passt nicht für alle möglichen Fälle, die in der Formel enthalten sind, und so kommt es, dass der Verf. für einen dieser Fälle seine Formel verlässt, die grade dort ihn auf die richtige Bedeutung hätte hinführen müssen.« Ferner: »Die Gleichung sagt nun aus, dass das Verhältniss der Winkel ξ und ξ' abhängig ist von φ, und in dieser Abhängigkeit liegt auch das, worauf es ankommt und was für einen Theil der möglichen Fälle so ausgedrückt werden kann, wie der Verf. es ausdrückt. Das vom Verf. in Betracht gezogene Hinderniss gegen die Möglichkeit des Einfachsehens in gewissen Theilen des Gesichtsfeldes ist nämlich vorhanden in allen den Fällen, in denen der zweite Summand rechts in jener Gleichung nicht gleich Null ist. Nun aber meint v. RECKLINGHAUSEN, dieses Hinderniss sei selbstverständlich nicht vorhanden dann, wenn der Winkel $\alpha = 0$ ist, d. h. dann, wenn nur solche Richtungsstrahlen in Betracht kommen, die in der Visirebene liegen, also nur solche Raumpunkte, die in der Visirebene liegen. Durch das Wort selbstverständlich scheint der Verf. andeuten zu wollen, dass man für den genannten Fall die Gleichung nicht nöthig habe, um einzusehen wie die Sache sich gestalte. Die Gleichung ist aber da, und sie sagt das Gegentheil aus von dem, was der Verf. für selbstverständlich zu halten scheint; zwar ist das unbestreitbar, dass dann die Richtungsstrahlen in einer Ebene bleiben, aber eben darauf kommt es nicht allein an; bleiben wir dabei stehen, jenes in des Verfs. Rechnung sich herausstellende Hinderniss für die Möglichkeit des genauen Einfachsehens gilt auch für den Fall, dass die betreffenden Richtungsstrahlen in der Visirebene liegen, denn wenn $\alpha = 0$ ist, so ist $\cos \alpha = 1$, folglich heisst für diesen Fall die Gleichung $\cot \xi' = \cot \xi + 2 \operatorname{tg} \varphi$, und darin liegt vollkommen der Natur der Sache entsprechend ausgedrückt, dass jener Einfluss der Perspective für seitliche Objecte (Object muss immer gleichbedeutend mit Abstand zwischen Fixationspunkt und einem seitlichen Punkt verstanden werden) nur von dem parallaktischen Winkel φ abhängt, wenn nur Punkte in der Visirebene in Betracht kommen sollen.«

Indessen liegt in der Gleichung $\cot \xi' = \cot \xi + 2 \tan \varphi$ zunächst nichts weiter ausgedrückt, als dass eine Lichtrichtung des einen Auges, welche mit der entsprechenden Blickrichtung den Winkel ξ' einschliesst, in derselben Ebene liegen kann mit einer Lichtrichtung des andern Auges, welche einen Winkel von (um 2 tang φ) grösserer Cotangente mit der zugehörigen Blickrichtung einschliesst. Da nun, wenn $\alpha = 0$ wird, alle Lichtrichtungen in einer Ebene liegen, dies aber aus der Formel also nur für je zwei in dem bestimmten Verhältnisse zu einanderstehende Lichtrichtungen hervorgeht, so kann die Formel nicht, wie MEISSNER behauptet, »vollkommen richtig« sein, und sie ist es auch nicht. v. RECKLINGHAUSEN leitete sie aus folgenden zwei Gleichungen ab:

$$\cot \xi \cos \varphi = \cot E \sin \alpha - \sin \varphi \cos \alpha \quad (1)$$
$$\cot \xi' \cos \varphi = \cot H \sin \alpha + \sin \varphi \cos \alpha \quad (2)$$

Da nun $\angle E$ nach den gemachten Voraussetzungen $= \angle H$ war, so liess v. RECKLINGHAUSEN die beiden Glieder $\cot E \sin \alpha$ und $\cot H \sin \alpha$ bei der Subtraction der untern Gleichung von der obern sich aufheben und erhielt daher $\cot \xi \cos \varphi - \cot \xi' \cos \varphi = -2 \sin \varphi \cos \alpha$, woraus sich die obige Schlussformel ergiebt. Die Gleichungen 1 und 2 sind aber nicht ganz allgemein, d. h. nicht auch für den Fall brauchbar, wo die Winkel ξ und ξ' in der Blickebene liegen. v. RECKLINGHAUSEN brauchte hierauf nicht besonders einzugehen, weil man für diesen Fall die Gleichung nicht nöthig hat. Die Folge davon war, dass seine Schlussgleichung, wenn man ξ und ξ' in der Ebene annimmt, nur einem aus der unendlich grossen Zahl der hier möglichen Fälle Ausdruck giebt. Weil nun MEISSNER hierin Veranlassung findet, v. RECKLINGHAUSEN vorzuwerfen, er habe nicht recht gewusst, worum es sich eigentlich handle, und weil MEISSNER sehr sonderbare Consequenzen aus jener Schlussgleichung zieht, so will ich die Gleichung in allgemeingültiger, d. h. nicht bloss für den Raum, sondern auch zugleich für die Ebene gültiger Weise entwickeln.

Winkel E ist unter allen Umständen $=$ Winkel H, und $\cot E$ ist $= \frac{\cos E}{\sin E}$; demnach kann ich für die Gleichungen 1 und 2 folgende setzen:

$$\cot \xi \cos \varphi = \frac{\cos E \sin \alpha}{\sin E} - \sin \varphi \cos \alpha$$
$$\cot \xi' \cos \varphi = \frac{\cos E \sin \alpha}{\sin E} + \sin \varphi \cos \alpha$$

Beide mit $\sin E$ multiplicirt, giebt:

$$\cot \xi \cos \varphi \sin E = \cos E \sin \alpha - \sin \varphi \cos \alpha \sin E$$
$$\underline{\cot \xi' \cos \varphi \sin E = \cos E \sin \alpha + \sin \varphi \cos \alpha \sin E}$$
$$(\cot \xi - \cot \xi') \cos \varphi \sin E = -2 \sin \varphi \cos \alpha \sin E$$

Wird jetzt $\alpha = 0$, so wird auch $E = 0$ und $\sin E = 0$, also die Gleichung identisch d. h. sie lautet nun $0 = 0$; für alle übrigen Fälle aber ergiebt sich v. RECKLINGHAUSEN's Schlussgleichung $\cot \xi' = \cot \xi + 2$ tang $\varphi \cos \alpha$.

Wenn MEISSNER nun für den Fall, dass $\alpha = 0$ wird, aus dieser nicht allgemein gültigen Gleichung ableiten will, »es liege darin vollkommen der Natur der Sache entsprechend ausgedrückt, dass der Einfluss der Perspective für seitliche Objecte nur von dem parallaktischen Winkel φ abhänge, wenn nur Punkte in der Visirebene in Betracht kommen sollen,« so ist er zu dieser auffälligen Bemerkung vielleicht durch die Entdeckung verleitet worden, dass jene Formel allerdings das Verhältniss der beiden verschiedenen Gesichtswinkel ausdrückt, unter welchen den beiden Augen bei symmetrischer Convergenzstellung eine der Grundlinie parallele und den fixirten Punkt mit dem einen Ende berührende Linie erscheint. Für den Standpunkt, aus welchem die Formel von v. RECKLINGHAUSEN entwickelt wurde, ist dies natürlich ganz zufällig, und ausserdem liegen seitliche Objecte, wenn man darunter einmal mit MEISSNER den Abstand zwischen Fixationspunkt und einem seitlichen Punkte versteht, doch nicht immer der Grundlinie parallel, sondern dies ist nur einer unter zahllosen Fällen und nur für ihn allein passt zufällig jene Formel.

Uebrigens aber hätte MEISSNER umsomehr Grund gehabt, den für beide Augen verschiedenen Gesichtswinkel der seitlichen d. h. also hier speciell der, in der eben erwähnten Linie befindlichen Objecte nicht besonders zu betonen, als diese Linie seine horizontale Horopterlinie ist, also.. eben die Linie, für welche seiner Meinung nach der Einfluss der für beide Augen verschiedenen Perspective durch eine »einseitige Ausbuchtung der Netzhaut« wieder ausgeglichen werden soll. MEISSNER ist daher in directem Widerspruche mit sich selbst sowohl, als mit dem Begriffe des Horopters, wenn er S. 606 sagt, man könne »vorläufig streng genommen nur dann von einer horizontalen Horopterlinie reden, wenn man die ungleichen perspectivischen Verhältnisse für die beiden Augen unberücksichtigt lasse,« denn erstens ist man, wenn man den Horopter aufsucht, eben in der umfassendsten Berücksichtigung jener perspectivischen Verhältnisse begriffen und kann demnach sehr wohl von einer horizontalen Horopterlinie reden, wenngleich nicht wie MEISSNER von einer geraden, sondern von einer kreisförmigen, und zweitens hat also MEISSNER sich durch jene Bemerkung selbst ein dementi gegeben, denn wenn er seinen Horopter ohne Berücksichtigung jener perspectivischen Verhältnisse gefunden hat, so hat er selbstverständlich etwas Falsches gefunden. Uebrigens aber hatte ja MEISSNER gerade wegen jener perspectivischen Verhältnisse die freilich unhaltbare Hypothese der Netzhautausbuchtung gemacht.

l. c. S. 605 sagt MEISSNER ferner: »Wenn man einmal auf das von v. RECKLINGHAUSEN angeregte Moment, auf die verschiedene Grösse der Netzhautbilder eines ungleich weit entfernten Objectes eingeht, so fällt von dieser Seite her nicht nur der flächenhafte Horopter, sondern überhaupt jede Ausdehnung des Horopters über die Medianebene hinaus, es bleibt dann nur eine beziehungsweise vertikale Horopterlinie übrig.« Dass ein seitliches Object, welches nicht (wie z. B. ein im MÜLLER'schen Horopterkreise gelegner feiner Faden oder noch besser eine ebenso gelegne Trennungslinie zwischen einer weissen und schwarzen Cylinderfläche) ganz streng nur im Horopterkreise liegt, sondern sich nach oben oder unten darüber hinaus erstreckt, verschieden grosse, d. h. nicht in allen Theilen identisch gelegne Netzhautbilder liefert, ist ein Moment, welches nicht erst v. RECKLINGHAUSEN, sondern derjenige zuerst angeregt hat, welcher sich zuerst darüber klar wurde, dass der seitliche Horopter nicht in einer Fläche, sondern lediglich in der bekannten Kreislinie besteht. Dies angeblich neue Moment, welches nach Meissner's Meinung den seitlichen Horopter ausschliesst, fordert ihn vielmehr mit mathematischer Strenge. Dass es dagegen den flächenhaften Horopter völlig ausschliesst, ist längst dargethan: wenn Meissner ebenfalls zugiebt, dass »von dieser Seite her der flächenhafte Horopter falle«, so scheint er dies nur angeführt zu haben, um seiner Meinung nach, die Rechnung v. Recklinghausen's *ad absurdum* zu führen; denn kurz vorher S. 604 sagte er: »derlei Fragen, wie die von v. Recklinghausen angeregte, ständen, zunächst in gar keiner Beziehung zu der Frage, wie gestalten sich von Seiten der absoluten und relativen Lagen der correspondirenden Netzhautpunkte bei den verschiedenen Augenstellungen die Verhältnisse des Horopters; und von dieser Seite, von der aus die Grundlage für die Lehre vom Horopter gegeben werden müsse, bleibe die Behauptung bestehen, und auch ganz unberührt durch v. Recklinghausen's Ableitungen, dass es in allen Secundärstellungen einen flächenhaften Horopter gebe.« Nun aber hat v. Recklinghausen nichts weiter gethan, als die Frage, wie gestalten sich im Besonderen bei Primärstellung und Secundärstellungen die Verhältnisse des Horopters, mit Umsicht und Sachkenntniss richtig beantwortet. Wie also Meissner sagen kann, seine Arbeit stehe zunächst »in gar keiner Beziehung« zu der Frage nach dem Horopter bei verschiedenen Augenstellungen, ist um so weniger abzusehen, als gerade Primärstellung und Secundärstellung die wichtigsten Augenstellungen sind, während alle übrigen praktisch weit weniger in Betracht kommen.

§. 81.

Gerade Nahstellung mit symmetrisch geneigten Mittelschnitten (Tertiärstellungen Meissner's). Convergiren die Blickrichtungen symmetrisch nach vorn und sind beide mittle Längsschnitte unter gleichem Winkel mit dem obern Ende nach aussen (oder innen) geneigt, so convergiren je zwei identische Längsebenen nach unten (oder oben) und schneiden sich in einer zur Blickebene geneigten Geraden. Die Gesammtheit dieser Durchschnittslinien bildet den Mantel eines schiefen Kegels, der die Blickebene in einem, durch den Fixationspunkt und die beiden Lichtrichtungsknoten gehenden Kreise durchschneidet und dessen Spitze senkrecht unter (oder über) dem hintern Durchschnittspunkte dieses Kreises und der Medianlinie mit einem Abstande $= \frac{g\, tang\, x}{cos\, \varphi}$ gelegen ist, wenn x den Neigungswinkel der mittlen Längsschnitte zur Blickebene, g die halbe Grundlinie und φ den halben Convergenzwinkel der Blickrichtungen bedeutet.

Dieser Kegelmantel ist somit der Horopter der Längsschnitte. Je zwei identische Querebenen schneiden sich in einer, in der Medianebene liegenden, zur Blickebene verschieden geneigten Geraden, und die Gesammtheit dieser Durchschnittslinien ist eine mit der Medianebene zusammenfallende Ebene. Diese ist der Horopter der identischen Querschnitte. Beide Horopteren schneiden sich in einer, in der Medianebene gelegenen und zur Blickebene unter einem Winkel geneigten Geraden, dessen Tangente $= \sin \varphi \tang x$ ist. Diese Linie, d. i. also der Horopter der Deckstellen, ist mit dem obern Ende vom Gesichte weggeneigt, wenn die mittlen Längsschnitte mit dem obern Ende nach aussen geneigt sind, dem Gesichte zugeneigt, wenn diese Schnitte entgegengesetzt geneigt sind.

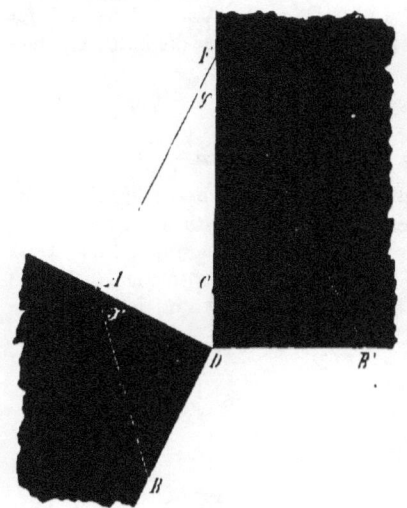

Fig. 70.

Der Gang des Beweises ist kurz folgender: Die beiden mittlen Längsebenen sind symmetrisch zur Medianebene geneigt, müssen sich also in dieser schneiden. Ihre Durchschnittslinie muss zugleich selbstverständlich durch den fixirten Punkt gehen; es ist der Winkel zu bestimmen, den sie mit der Blickebene einschliesst. In Fig. 70 sei F der fixirte Punkt, A der linke Lichtrichtungsknoten, DF die Medianlinie, DAF liegt also in der Blickebene. Die untre (oder obre) Hälfte der in DF senkrecht stehenden Medianebene denke ich mir auf die Papierebene umgelegt, ebenso die untre (oder obere) Hälfte einer in AD senkrecht zur Blickrichtung AF stehenden Ebene, welche also die Axe der Längs- und die Axe der Querebenen enthält. AB sei die Axe der Längsebenen, in AB also wird die Axenebene von der mittlen Längsebene durchschnitten, während die Medianebene in FB' von letzterer durchschnitten wird; B und B' bezeichnet daher denselben Punkt auf der Durchschnittslinie (DB und DB') der Axenebene mit der Medianebene; der Winkel DAB d. i. der Neigungswinkel der mittlen Längsebene, mithin auch des mittlen Längsschnittes zur Blickebene heisse x, der Winkel DFA, d. i. der halbe Convergenzwinkel der Blickrichtungen heisse φ, der Winkel $B'FD$ d. i. der Neigungswinkel der Durchschnittslinie der mittlen Längsebenen (i. e. der Horopterlinie) heisse n. .

$$\frac{DF}{AD} = \frac{1}{\sin \varphi}; \quad DF = \frac{AD}{\sin \varphi};$$

$\frac{BD}{AD} = \operatorname{tang} x; \quad B'D = BD = AD \operatorname{tang} x; \quad \frac{B'D}{DF} = \operatorname{tang} n = \frac{AD \operatorname{tang} x}{\frac{AD}{\sin \varphi}}$

$= \sin \varphi \operatorname{tang} x.$

Die Linie, in der je zwei beliebige identische Längsebenen sich durchschneiden, ist bestimmt, wenn man zwei Punkte der ersteren kennt. Der eine dieser Punkte ist für sämmtliche Paare der Längsebenen der Punkt B (oder B') in der Medianebene, denn in ihm kreuzen sich die recht- und linkäugige Axe der sämmtlichen Längsebenen. Die Gesammtheit der zweiten Punkte ist die durch den Fixationspunkt und die Lichtrichtungsknoten gelegte Kreislinie, denn eine beliebige rechtäugige Längsebene schneidet die Blickebene in einer Linie, die mit der rechten Blickrichtung denselben Winkel einschliesst, wie die entsprechende Durchschnittslinie der identischen linken Längsebene mit der linken Blickrichtung, beide Durchschnittslinien schneiden sich demnach in dem erwähnten Kreise, und wir haben hier einen zweiten Punkt des gesuchten Durchschnitts der zwei Längsebenen. Als Gesammtheit der Durchschnittslinien der identischen Längsebenen ergiebt sich also der oben angegebene Kegelmantel. Die Spitze (B) desselben liegt in der Medianebene vertikal unter oder über D, und BD ist der Vertikalabstand der Kegelspitze von der Blickebene. Nennen wir AC, d. i. die halbe Grundlinie, g, so ist

$$\frac{AD}{g} = \frac{1}{\cos \varphi}; \quad AD = \frac{g}{\cos \varphi};$$

$$\frac{BD}{AD} = \operatorname{tang} x, \quad BD = AD \operatorname{tang} x = \frac{g \operatorname{tang} x}{\cos \varphi}.$$

Je zwei identische Querebenen sind symmetrisch zur Medianebene geneigt, müssen sich daher in dieser schneiden, sodass die Ebene aller dieser Durchschnittslinien mit der Medianebene zusammenfällt. Dass letztere den erwähnten Kegelmantel nach vorn hin nur in der Linie $B'F$ und in deren Verlängerung über F hinaus schneiden kann, ist selbstverständlich.

§. 82.

Schiefe Nahstellung mit ungleich gelegnen Mittelschnitten. Convergiren die Blickrichtungen unsymmetrisch und sind beide mittle Längsschnitte zur Blickebene irgendwie, jedoch nicht unter gleichem Winkel nach derselben Seite, geneigt, oder ist auch nur ein mittler Längsschnitt geneigt, so bildet der Horopter der Längsschnitte sowohl als der Horopter der Querschnitte eine Fläche höherer Ordnung und beide Horopteren durchschneiden sich in einer Curve doppelter Krümmung d. i. in einer im Raume gewundenen Linie, welche durch den Fixationspunkt läuft. Diese Linie ist der Horopter der Deckstellen.

Es hätte nur noch mathematisches und kaum noch physiologisches Interesse, wollte ich auf die Gestalt dieser Horoptercurve und auf eine etwaige Entwicklung ihrer Formel eingehen. Dass der Horopter der erwähnten Augenstellungen eine Linie und nicht ein blosser Punkt sein muss, ist leicht einzusehen, wenn man bedenkt, dass die Gesammtheit der Durchschnittslinien aller Paare identischer Längsebenen sowohl als Querebenen unter den erwähnten Umständen je eine Fläche bilden muss und dass diese beiden Flächen sich schneiden müssen. Schneiden nehmlich müssen sie sich, weil sie beide durch den fixirten Punkt gehen und hier die, der einen Fläche angehörige Durchschnittslinie der mittlen Längsebenen sich schneidet mit der, zur andern Fläche gehörigen Durchschnittslinie der mittlen Querebenen. Hierdurch ist eine blosse Berührung der beiden Flächen ausgeschlossen und die Durchschneidung beider gefordert, die natürlich nur in einer irgendwie gestalteten Linie stattfinden kann. Soviel zum allgemeinen Beweise dafür, dass der Horopter überhaupt nie ein blosser Punkt sein kann.

Meissner hat dagegen behauptet, dass bei unsymmetrischen Convergenzstellungen nur der fixirte Punkt auf identischen Stellen abgebildet werden könne. Da dieser irrige Satz durch die besten Lehrbücher grosse Verbreitung gefunden hat, so möge er noch eine specielle Widerlegung erfahren.

Es ist schon oben erörtert worden, dass die Gestalt der Netzhaut für die Horopterfrage zunächst gleichgültig ist, nachdem bewiesen ist, dass diejenigen Lichtrichtungen zu Deckstellen führen, welche in beiden Augen Winkel von gleicher Grösse und Lage mit der Blickrichtung einschliessen. Wir können also statt der wirklichen Netzhaut eine im Punkte des directen Sehens errichtete Tangentialebene der Netzhaut einführen. Jede durch den Mittelpunkt dieser Ebene gelegte Gerade entspricht einem Meridiane, jeder um diesen Mittelpunkt gelegte Kreis einem Parallelkreise der Netzhaut und der Unterschied ist nur der, dass der Kreis auf der Ebene grösser ist als der Kreis auf der Netzhaut, dem er entspricht. Die Netzhaut ist also mittelst der Lichtrichtungen auf jene Tangentialebene projicirt zu denken.

Wenn die Lichtrichtungen zweier Deckstellen sich im Aussenraum schneiden sollen, so müssen beide in einer Ebene liegen, welche zugleich durch die beiden Lichtrichtungsknoten geht. Legen wir also umgekehrt durch letztere beiden Punkte eine unter beliebigem Winkel zur Blickebene geneigte Ebene, und schneidet dieselbe auf beiden Tangentialebenen identische Meridiane in identischen Parallelkreisen, kurzum in identischen Punkten, so ist der Beweis geliefert, dass letztere beide Punkte von einem und demselben Aussenpunkte das Bild empfangen können, dass also dieser Aussenpunkt im Horopter liegt.

Es seien in Fig. 71 k und k' die Lichtrichtungsknoten; durch beide geht die verlängerte Grundlinie AA'; G und G' seien die beiden Punkte des directen Sehens. Gk und $G'k'$ also Theile der Blickrichtungen, die

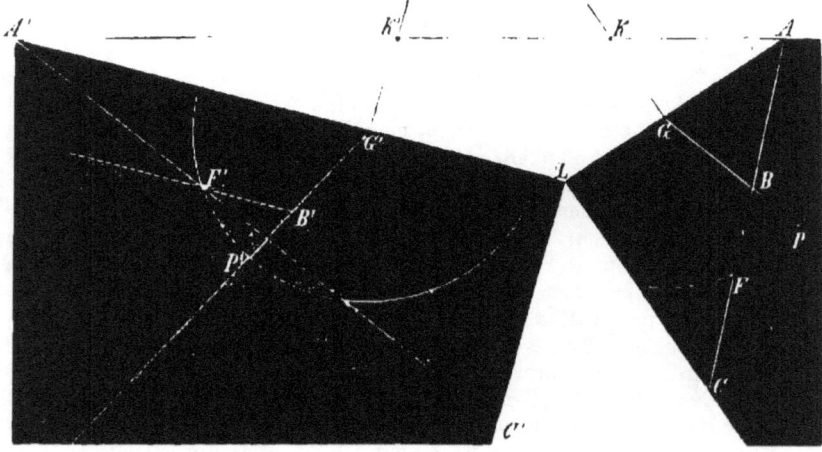

Fig. 71.

Ebene $AA'L$ ein Theil der Blickebene. Beide Augen stehen, wie erwähnt, in unsymmetrischer Convergenz; daher bildet AL, d. i. der Durchsehnitt zwischen Blickebene und rechter Netzhauttangentialebene einen andern Winkel mit der Grundlinie als $A'L$, d. i. der Durchschnitt zwischen Blickebene und linker Tangentialebene. Um diese Durchschnittslinie denke ich mir jederseits die oberhalb (oder unterhalb) gelegne Hälfte der entsprechenden Tangentialebene auf die Papierebene umgelegt; die schwarzen Theile der letzteren bedeuten also diese Hälften der Tangentialebenen. LC und LC' bedeutet eine und dieselbe zur Blickebene senkrechte Linie und zwar die Durchschnittslinie der beiden Tangentialebenen. Mache ich $LC = LC'$ so ist also C und C' ein und derselbe Punkt dieser Durchschnittslinie. Lege ich durch diesen Punkt in die beiden Lichtrichtungsknoten oder, was dasselbe heisst, durch die Grundlinie AA' eine Ebene, so schneidet dieselbe die Tangentialebenen in den Linien AC und $A'C'$, wie sich darum von selbst versteht, weil die Tangentialebenen die Grundlinie in A und A' durchschneiden. Es sei nun GP der unter einem beliebigen Winkel (x) zur Blickebene geneigte mittle Längschnitt der rechten Tangentialebene, $G'P'$ sei der unter einem beliebigen andern Winkel (x') zur Blickebene geneigte mittle Längsschnitt der linken Tangentialebene. GP wird von der gewählten Ebene in B durchschnitten; ich nehme GB in den Zirkel und trage es von G' aus auf $G'P'$ ab, mache also $G'B' = GB$. Durch B' lege ich eine Gerade, welche $G'P'$ unter demselben Winkel durchschneidet, unter welchem GP von AC durchschnitten wird. Diese neue Gerade durchschneidet die Linie $A'C'$ in F'. Nehme ich nun die Distanz $F'G'$ in den

Zirkel und schlage um G' und G auf den Tangentialebenen Kreise, so sind dies diejenigen identischen Parallelkreise der Tangentialebenen, welche von der gewählten Ebene in identischen Punkten durchschnitten werden; denn AC und $A'C'$ sind die Durchschnittslinien jener Ebene und der Tangentialebenen, F und F' liegen also sowohl in jener Ebene, als auf identischen Parallelkreisen und zwar liegen sie beide vom entsprechenden mittlen Längsschnitte unter gleich grossem Bogen nach links, denn $<PBF = <P'B'F'$, $PB = P'B'$, also auch $PF = P'F'$; F und F' gehören also zugleich identischen Meridianen an, sind identische Punkte.

Da man den Punkt C (d. i. zugleich C') in beliebigem Abstande von L wählen, d. h. also eine Ebene von beliebiger Neigung zur Blickebene wählen kann, und die Construction bei beliebiger z. B. bei einer der oben gewählten entgegengesetzten Neigung der mittlen Längsschnitte gemacht werden kann, da überhaupt die ganze Methode *mutatis mutandis* für alle hier möglichen Fälle anwendbar ist, so folgt daraus, dass jede durch die Grundlinie gelegte und die Netzhäute schneidende Ebene zwei identische Netzhautpunkte enthält, dass die Lichtrichtungen der letzteren sich also schneiden können, und dass der Aussenpunkt, in welchem dies geschieht, dem Horopter angehört, dass also der letztere kein blosser Punkt, sondern eine irgendwie gestaltete Linie ist. Man kann sich nach der gegebenen Methode die identischen Punkte, welche zu dieser Horopterlinie gehören, auf der erwähnten Tangentialebene aufsuchen, indem man zuerst den Punkt C (C') ganz nahe zu L setzt, d. h. die Ebene zunächst einen sehr kleinen Winkel mit der Blickebene einschliessen lässt, und dann allmählich C auf der Linie LC (LC') hinausrückt, so weit das Papier reicht. Man erhält dann auf beiden Tangentialebenen identische Curven, wodurch also eine Horoptercurve gesetzt ist, auf deren Entwicklung ich hier nicht näher eingehe.

Der empirische Horopter.

§. 83.

Nachdem die Lage der Deckstellen festgestellt und der Horopter darnach berechnet ist, kann die empirische Aufsuchung des Horopters gleichsam als Probe für die Richtigkeit der Rechnung sowohl als der Grundlagen der Rechnung vorgenommen werden. Bei allen dahin zielenden Versuchen darf man jedoch nie ausser Acht lassen, dass man durch dieselben nur ein dem berechneten Horopter nahekommendes, nicht ein ihn exact deckendes Ergebniss erlangen kann. Der mathematische Horopter ist, wie ich schon in §. 43. auseinandersetzte, gleichsam nur das Gerippe des wirklichen, und es wird ganz von der Feinheit der Versuchsobjecte, der Zweckmässigkeit der Methode und der Uebung im indirecten Sehen abhängen, ob der empirische Horopter dem mathematischen mehr oder weniger nahe kommt.

Man hat vielfach den Vorwurf ausgesprochen und besonders MEISSNER hat ihn betont, dass sich die Physiologen mit einer geometrischen Construction des Horopters begnügt hätten, ohne denselben durch Versuche mit »objectiven Gesichtserscheinungen« zu bekräftigen. Dieser Vorwurf, den schon JOH. MÜLLER nicht ganz verdient, ist A. PRÉVOST gegenüber ungerechtfertigt. Derselbe hat schon im Jahre 1843 die Bestätigung des von ihm richtig berechneten Horopters mittelst der Doppelbildversuche gegeben. Ist es nun gleich wahr, dass Doppelbilder verschmelzen können, auch wenn sie nicht exact identisch liegen, so hat dies doch seine engen Grenzen und der von PRÉVOST aus solchen objectiven Gesichtserscheinungen gelieferte Beweis einer horizontalen kreisförmigen und einer vertikalen geraden Horopterlinie der convergenten Secundärstellungen wird dadurch im Wesentlichen nicht beeinträchtigt. Denn es liegt in der Hand des

Experimentators, die Methode Prévost's entsprechend zu verfeinern, d. h. die Nadeln, deren er sich bediente, möglichst fein und einen günstig abstechenden Hintergrund für dieselben zu wählen, sowie sich in der Unterscheidung von Doppelbildern hinreichend zu üben: dann aber hat es keine Schwierigkeit, sich von der Richtigkeit der Prévost'schen Angaben zu überzeugen. Durch die Versuche Meissner's hat es sich allerdings herausgestellt, dass die queren Mittelschnitte nicht, wie Prévost meinte, immer in der Blickebene bleiben, sondern bei den meisten Convergenzstellungen zur Blickebene geneigt sind, dass also von einem sogenannten horizontalen Horopter streng genommen nur bei Secundärstellungen die Rede sein kann; allein praktisch genommen kommt dies nicht sonderlich in Betracht, und für die Secundärstellungen behalten Prévost's Beobachtungen nach wie vor ihren Werth.

§. 84.

Der empirische Horopter der geraden Fernstellungen mit gleichliegenden Mittelschnitten (der Primärstellung und der parallelen Secundärstellungen Meissner's) ist der gesammte über eine gewisse Entfernung hinausgelegne Raum. Diese Entfernung würde zu finden sein, wenn man bei parallel geradausgestellten Blickrichtungen einen leuchtenden Punkt in der Medianlinie allmählich vom Gesicht entfernte, bis seine Doppelbilder verschmelzen. Dies bedarf keiner weiteren Erörterung.

§. 85.

Der empirische Horopter der geraden Nahstellungen mit gleichgelegnen Mittelschnitten (convergenten Secundärstellungen) kommt, wie erwähnt, dem berechneten sehr nahe, was ich auf Grund vielfacher Versuche behaupten darf. Diesem schon durch Prévost theoretisch und empirisch gesicherten Ergebnisse gegenüber ist Meissner (Beiträge zur Physiol. des Sehorgans 1854) mit der Behauptung aufgetreten, der Horopter sei bei den erwähnten Stellungen eine zur Medianlinie senkrechte Ebene und sein »horizontaler« Durchschnitt demnach eine gerade Linie, welche durch den fixirten Punkt parallel der Grundlinie geht. Diese Behauptung widerspricht also nicht bloss der Theorie sondern auch den Thatsachen, ist aber gleichwohl als angeblich richtig in die Lehrbücher übergegangen und erfordert deshalb eine eingehende Widerlegung. Ich berücksichtige hierbei zunächst den in der Blickebene gelegnen Theil des Horopters.

Man mache zuerst Prévost's Versuch, bringe also eine feine Nadel, welche vertikal durch die Blickebene und Meissner's horizontale Horopterlinie geht, seitlich vom fixirten Punkte bei convergenter Secundärstellung an. Es hat dann, falls man einen abstechenden Hintergrund gewählt hat, keine Schwierigkeit, sich zu überzeugen, dass die Nadel bei irgend erheblichem Abstande vom fest fixirten Punkte doppelt erscheint, vorausgesetzt dass nicht etwa der blinde Fleck des einen Auges störend wird.

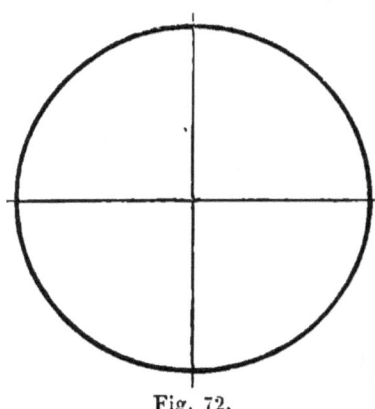

Fig. 72.

Man fixire ferner bei stark convergenter Secundärstellung den Mittelpunkt eines Kreises (Fig. 72), dessen Ebene auf der Medianlinie senkrecht steht, und man wird den Kreis doppelt sehen in Gestalt zweier einem Kreise nahekommenden Curven, die sich senkrecht über und unter dem Fixationspunkte, d. i. also in der vertikalen Horopterlinie durchschneiden. Die Punkte des beobachteten Kreises, welche auf dem Horizontaldurchschnitte des Meissner'schen Horopters liegen, haben dabei die distantesten Doppelbilder. Nebenbei widerlegt der Versuch auch Meissner's Behauptung, dass der Horopter der Secundärstellungen eine auf der Medianlinie senkrechte Ebene sei, denn in solcher liegt ja der doppelt erscheinende Kreis. Damit man besser controliren könne, ob man die Secundärstellung einhält, habe ich ein rechtwinkliges Kreuz in den Kreis eingezeichnet.

Nach dieser experimentellen Widerlegung will ich noch das untersuchen, was Meissner zur Stütze für seine Angaben über den horizontalen Horopter vorbringt.

Zuerst beschreibt er zwei Versuche Baum's die ich in §§. 47. u. 50.

besprochen habe. Ich glaube dort hinreichend gezeigt zu haben, wodurch Baum und Meissner sich haben täuschen lassen. Ferner sagt Meissner (l. c. p. 59):

»Man nehme eine gerade Linie und markire auf derselben drei Punkte etwa in der Entfernung von 2 Cm. von einander. Die Linie wird horizontal und parallel der Grundlinie nahe vor die Augen gehalten, und der mittelste der drei Punkte fixirt; man wird dann die übereinanderliegenden Doppelbilder der beiden seitlichen Punkte wahrnehmen. Um nun mit Sicherheit sich davon zu überzeugen, dass bei der genannten Lage der Linie die Doppelbilder wirklich möglichst senkrecht übereinander erscheinen, gebe man dem Papier, worauf die Linie gezeichnet ist, eine allmählich wachsende Krümmung, so dass entweder die beiden seitlich vom fixirten gelegnen Punkte den Augen genähert oder von ihnen entfernt werden, während der fixirte Punkt die anfängliche Entfernung behält. Man wird bemerken, dass die Doppelbilder der beiden seitlichen Punkte sowohl bei der einen Bewegung als bei der andern in transversaler Richtung auseinander weichen, ein Zeichen, dass nun die zusammengehörigen Retinabilder nicht mehr gleichweit von den Mittelpunkten der Netzhäute entfernt liegen. Schon sehr geringe Abweichungen von der geraden Richtung der die Punkte verbindenden Linie bringt eine Verschiebung der Doppelbilder in transversaler Richtung hervor, welche nicht stattfindet, wenn die Linie parallel der Grundlinie verläuft.«

Die Beobachtung lehrt jedoch etwas ganz andres. Liegen die drei Punkte in der Geraden, so erscheinen die Doppelbilder der seitlichen Punkte bei Tertiärstellung schräg übereinander und zwar unter passenden Umständen sehr auffällig, wie dies denn auch wegen der in beiden Augen entgegengesetzten perspectivischen Verkürzung nicht anders zu erwarten ist. »Senkrecht« übereinander erscheinen die Doppelbilder nur dann, wenn die drei Punkte in einer durch den Fixationspunkt und die beiden Lichtrichtungsknoten gelegten Kreislinie liegen. Auf die Folgerungen, die Meissner aus diesem Versuche für den Horopter der Secundärstellungen zieht, brauche ich demnach nicht weiter einzugehen.

Endlich führt Meissner zum Beweise an, dass eine durch den fixirten Punkt parallel zur Grundlinie gelegte Linie bei convergenter Secundärstellung einfach erscheint, während sie bei Tertiärstellung sich durchschneidende Doppelbilder giebt. Dies beweist aber nur, dass die Linie sich erstemfalls auf identischen Netzhautschnitten d. i. auf den queren Mittelschnitten abbildet, und dies thut überhaupt jede in der Blickebene der Secundärstellungen gelegne Linie, sogar die

Medianlinie; wenn letztere hinreichend fein und passend beleuchtet ist, so kann man sogar auch sie einfach sehen; meist erscheint sie freilich in kreuzweise hintereinander liegenden Doppelbildern (vgl. §. 13). Solches Einfachsehen kommt aber darum gar nicht in Betracht, weil sich alle Doppelbilder dieser Linien ausser im fixirten Punkte mit solchen Punkten decken, die nicht einem und demselben Punkte der wirklichen Linie entsprechen. Letzteres ist nur dann der Fall, wenn die Linie dem Horopterkreise entsprechend gekrümmt ist.

Soviel über Meissner's Experimente. Es bleibt mir übrig die von Meissner adoptirte Ansicht Baum's zu kritisiren, nach welcher eine angebliche Form des horizontalen Netzhautschnittes die Ursache sein soll, dass der horizontale Horopter keine Kreislinie, sondern eine Gerade sei; dagegen ist Folgendes zu sagen.

Erstens ist es für die Gestalt des Horopters ganz gleichgültig, wie die Netzhaut gestaltet ist, sofern nur Lichtrichtungen, die in beiden Augen gleich grosse und gleichgelegne Winkel mit der Blickrichtung einschliessen, unter allen Umständen zu Deckstellen führen. Die Deckstellen könnten auf ihren Lichtrichtungen in beiden Augen verschieden weit vor- oder zurückrücken: es würde dies zwar das Deutlichsehn, keineswegs aber das Einfachsehen stören können. Die Netzhaut könnte sogar beliebig gefaltet sein, ohne dass darum der Horopter ein andrer werden müsste, vorausgesetzt, dass gleichgelegne Lichtrichtungen stets zu Deckstellen gehören, wie oben bewiesen wurde. Wenn freilich die Netzhaut sich pathologisch so verschiebt, dass letzteres Gesetz nicht mehr gilt, so wird allerdings auch der Horopter ein andrer werden müssen. Normalerweise aber gilt es, und würde also Meissner's Hypothese auch dann als irrig erweisen, wenn dieselbe auf Thatsachen basirte, was erwiesenermassen nicht der Fall ist.

Zweitens würde, wenn man einmal auf Meissner's Ansichten eingehen und die Horoptergestalt lediglich aus der Netzhautgestalt ableiten wollte, es sich von selbst verstehen, dassdann, wie schon Claparède (Beiträge z. Kenntn. d. Horopters, in Reichert und du Bois' Archiv 1859. S. 387) hervorhob*), die Netzhäute Ebenen sein

---

*) Dieses theoretische Bedenken gegen die Meissner'schen Angaben ist aber auch der einzige wesentliche Punkt, in welchem man Claparède bei seiner sehr heftigen Polemik gegen Meissner beipflichten darf. Wenn ich auch gern zugestehn will, wie ich dies schon in §. 22. gethan habe, dass die Neigung der Mittel-

müssten, die unter allen Umständen der Grundlinie parallel lägen. Denn die Elemente der Geometrie lehren, dass eine im MEISSNER'schen horizontalen Horopter gelegne gerade Linie von wechselnder Länge, AB Fig. 73, welche durch die Lichtrichtungsknoten k und k' auf zwei durch die Netzhautmittelpunkte a und a' gelegte Linien projicirt wird, auf beiden Linien nur dann immer gleichlang erscheinen kann, wenn beide Linien der projicirten Linie parallel sind.

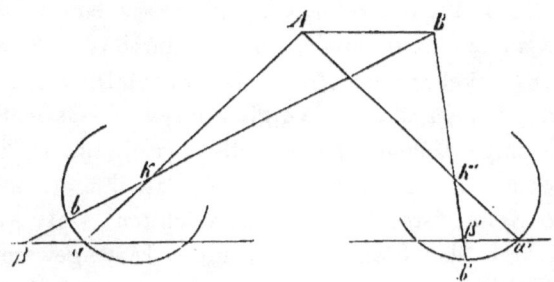

Fig. 73.

$$AB : Ak = a\beta : ak; \quad AB : Ak' = a'\beta' : a'k'$$
ferner $AB = AB$; $Ak = Ak'$; $ak = a'k'$
folglich auch $a\beta = a'\beta'$.

---

schnitte vielleicht bei gewissen Individuen eine viel geringere ist, als bei MEISSNER, so wird sie doch nie ganz fehlen. Der Apparat, mit welchem CLAPARÈDE das Fehlen einer jeden Neigung der Mittelschnitte bei verschiedenen Convergenzstellungen erweisen wollte, ist noch viel unvollkommner als der Apparat MEISSNER'S, mit welchem derselbe das Gegentheil darthat. In Betreff der Doppelbilder einer in der Blickebene der Tertiärstellungen gelegnen Linie hat CLAPARÈDE die Angaben MEISSNER'S mit so wenig Sorgfalt studirt, dass er meint, MEISSNER habe die Versuchslinie in die Medianebene gebracht, während sie doch senkrecht zur selbigen legte. CLAPARÈDE's ganze Auseinandersetzung über diesen Punkt ist, soweit sie richtig ist, für MEISSNER sicher nichts Neues gewesen, hat jedoch mit der Sache selbst, nehmlich mit den wirklich vorhandenen, nicht bloss in der Richtung der Tiefe, sondern auch nach der Höhe kreuzweis verschobenen Doppelbildern gar nichts zu thun. Ebensowenig hat CLAPARÈDE die Auseinandersetzungen MEISSNER'S über das Parallelerscheinen nicht paralleler Linien der Medianebene richtig verstanden, wie ich dies in §. 93. noch ausführlich besprechen werde.

§. 86.

Der ausserhalb der Blickebene gelegne Horopter ist, wie MEISSNER mit Recht hervorhob, früher sehr vernachlässigt worden; doch macht A. PRÉVOST auch hier eine rühmliche Ausnahme. JOH. MÜLLER ging von der ganz ungerechtfertigten Voraussetzung aus, der Horopter müsse stets eine Fläche sein und glaubte aus der Gestalt des Horopters der Blickebene schliessen zu dürfen, der Horopter der Convergenzstellungen sei ein durch den Horopterkreis senkrecht zur Blickebene gelegter Cylindermantel, welchen er unpassend als »kreisförmige Ebene« (vergl. Physiol. d. Gesichtss. S. 178) oder »kreisförmige Fläche« (Handb. d. Physiol. Bd. II. S. 379) bezeichnete. Schon diese Ausdrücke zeigen, dass ihm die nöthigen mathematischen Kenntnisse für diese Frage fehlten, sonst wäre er, bei seinen Ansichten über Identität, sicher der Erste gewesen, der die Unmöglichkeit einer Horopterfläche eingesehen hätte. Leider dehnte er auch die experimentelle Prüfung des Horopters nicht genügend auf den Raum über und unter der Blickebene aus und erhielt somit keine genügende Veranlassung, die Construction des Horopters für diese Theile des Raumes genauer auszuführen. Nachdem aber A. PRÉVOST diesen Mangel ergänzt und sowohl theoretisch als experimentell nachgewiesen hatte, dass der Horopter des über und unter der Blickebene gelegnen Raumes bei symmetrischer und unsymmetrischer Convergenzstellung eine Senkrechte sei, errichtet in dem Punkte, wo die Medianlinie den Horopterkreis schneidet, war der ganze Horopter im Wesentlichen festgestellt und es bedurfte jetzt nur noch der besondern Ausarbeitung für diejenigen Fälle, die den von PRÉVOST gemachten Voraussetzungen nicht ganz entsprachen, nehmlich für die Tertiärstellungen u. s. w. Ebenso wie MÜLLER's cylinderflächige, so war auch VOLKMANN's und LUDWIG's kuglige Horopterfläche durch PRÉVOST's Arbeit widerlegt. Leider lernte MEISSNER, wie er selbst bemerkt (Jahresber. für 1858 S. 617) diese Arbeit erst kennen, als er seine Untersuchungen bereits für abgeschlossen erachtete. Nur so erklärt es sich einigermassen, dass er PRÉVOST's Ergebnisse, als »auf Täuschung beruhende« nicht weiter kritisirte. Was nach PRÉVOST's Arbeit zu thun noch übrig war, bestand in Folgendem: Erstens war zu bedenken, dass die empirische Bestätigung des berechneten Horopters durch Doppelbildversuche selbst bei der grösstmöglichen Exactheit doch nur eine annähernde sein konnte, weil, abgesehen von der (allerdings durch Abänderung der Methode vielfach zu vermeidenden) stereoskopischen Verschmelzung different gelegner Doppelbilder, die Wahrnehmbarkeit der letzteren auf peripherischen Netzhauttheilen sehr enge Grenzen hat und ausserdem die strenge Fixation bei starken Convergenzen sehr schwierig ist. Es war also womöglich eine schärfere Methode zur Bestimmung der Lage der Deckstellen zu finden, eine Methode, die der Berechnung des Horopters eine sichrere Grundlage bot, als die Müller'schen Versuche mit Druckfiguren, und also die empirische Bestätigung des Horopters gewissermassen überflüssig machte. Meissner gab jedoch eine neue Idee zur empirischen Bestimmung des Horopters, eine Idee, die allerdings einige Vorzüge hat, aber von Meissner so wenig exact verwerthet wurde, dass sie, was den Horopter der Secundärstellungen betrifft, zu einem Rückschritte, statt zu einem Fortschritte führte. Zweitens war die von Prévost zwar bereits besprochene, aber irrig beantwortete Frage zu berücksichtigen, wie der Horopter sich gestalte, falls die relative Lage der Deckstellen sich ändre, und die queren Mittelschnitte sich gegen die Blickebene neigten, eine Frage, die allerdings für das Binocularsehen darum von geringer Bedeutung ist, weil beim Nahesehn die Neigungen der Gesichtsobjecte zur Blickebene meist viel erheblicher sind, als die geringe Neigung der Mittelschnitte gegeneinander, und weil wir dabei noch ausserdem unsrer Blickebene sehr häufig eine solche Neigung zur Gesichtsfläche geben, bei welcher die queren Mittelschnitte ganz oder sehr annähernd in der Blickebene liegen. In Bezug nun auf diejenigen symmetrischen Convergenzstellungen, bei welchen die Neigungen der Mittelschnitte zur Blickebene symmetrisch sind, hat Meissner's Arbeit einen entschiedenen Fortschritt angebahnt, der um so mehr ins Gewicht fällt, als er auch für die Lehre von den Augenbewegungen von grosser Bedeutung ist.

In Betreff der convergenten Secundärstellungen aber hat Meissner, wie gesagt, grosse Irrthümer vertreten. Er macht zuerst die ganz ungerechtfertigte Voraussetzung, dass die Existenz einer »vertikalen« und einer »horizontalen« Horopterlinie die Existenz einer Horopterfläche involvire, und dass letztere bei Kenntniss der ersteren hinreichend bestimmt sei. Dies ist schon oben genügend widerlegt worden. Die Annahme constant gelegner Deckstellen, die auch Meissner macht, schliesst eine Horopterfläche mit mathematischer Gewissheit aus. Wer auch noch eine experimentelle Widerlegung der Meissner'schen Ansichten will, für den hat sie bereits vor Meissner A. Prévost und nach Meissner v. Recklinghausen gegeben. Ersterer zeigte, dass die Köpfe von Stecknadeln, welche er senkrecht zur Blickebene auf den Horopterkreis steckte, in übereinanderliegenden Doppelbildern erschienen, wenn die Köpfe nur genügend hoch über der Blickebene lagen. Bringt man solche Nadeln entsprechend auf Meissner's horizontaler Horopterlinie bei Secundärstellung an, so sieht man dasselbe, nur mit dem Unterschiede, dass die Doppelbilder der Köpfe nicht gerade, sondern schräg übereinander stehen; trotzdem also, dass sie auf Meissner's Horopterfläche liegen. v. Recklinghausen zeigte, dass wenn man bei Secundärstellung auf ein senkrecht zur Medianlinie gestelltes Papier durch den Fixationspunkt einen vertikalen und einen horizontalen Strich und ausserdem über oder unter dem Fixationspunkt einen zweiten horizontalen Strich (siehe Fig. 74) zieht, der letztere bei starken Convergenzgraden sehr auffallend in Doppelbildern erscheint, die sich im vertikalen, einfach erscheinenden Striche durchschneiden, während der in der Blickebene liegende Strich ebenfalls einfach erscheint. Dies beweist ganz schlagend, dass nur die Punkte einer auf der Blickebene im Fixationspunkte stehenden Senkrechten einfach erscheinen, dagegen die seitlich über oder unter der Blickebene in Meissner's Horopterfläche gelegnen Punkte doppelt gesehen werden. Wie Meissner nach dieser treffenden Widerlegung noch an seiner Horopterfläche festhalten konnte (Jahresber. f. 1859), ist mir nicht recht verständlich. Ein andrer ebenso schlagender Versuch ist der oben §. 85. beschriebene mit einer in Meissner's Horopterfläche gelegenen Kreislinie. Meissner selbst hat nie einen experimentellen Beweis für seine Horopterfläche versucht, sondern sich lediglich mit

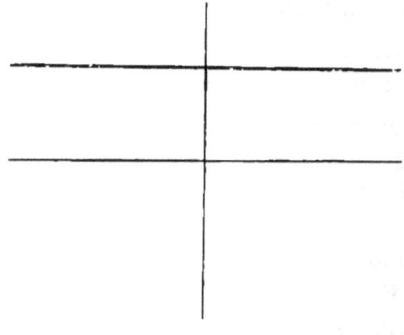

Fig. 74.

deren Horizontal- und Vertikalschnitt beschäftigt und die Horopterfläche ohne Weiteres als selbstverständlich angesehen.

§. 87.

Dass bei Nahstellungen mit symmetrisch geneigten Mittelschnitten (Tertiärstellungen Meissner's) der in der Blickebene gelegne Theil des Horopters nur auf die fixirte Stelle beschränkt ist, lässt sich auch empirisch leicht, wenngleich natürlich nicht mathematisch exact bestätigen. Es versteht sich von vornherein von selbst, dass jeder seitliche Punkt der Blickebene sich im einen Auge unterhalb, im andern oberhalb des queren Mittelschnittes abbildet und also stets auf nicht identische Quadranten der Netzhaut fällt. Dieser sehr übersichtlichen Thatsache gegenüber bedarf eine Behauptung, wie die Wundt's (Zeitschr. f. rat. Medic. III. Reihe, XII. Bd. S. 222), dass bei Tertiärstellungen ausser dem fixirten Punkte noch zwei andre symmetrisch nach rechts und links in der Blickebene und zwar auf dem durch den Fixationspunkt und die Lichtrichtungsknoten gelegten Kreise befindliche Punkte einfach erscheinen sollen, keiner weiteren Widerlegung; denn Wundt meint nicht etwa jenes Einfachsehen, welches dadurch entsteht, dass das eine Bild auf den blinden Fleck fällt. Wundt hat sogar Versuche zum Beweise angegeben, aber man braucht sie nur mit Exactheit zu wiederholen, um sich von der Irrigkeit dessen zu überzeugen, was Wundt darüber sagt.

Der experimentelle Nachweis, dass bei Tertiärstellung nur ein einziger Punkt der Blickebene, d. i. der Fixationspunkt einfach gesehen werde, lässt sich am einfachsten so führen, dass man einen in der Blickebene gelegnen feinen Faden mit stark vorwärts oder rückwärts geneigtem Kopfe und starker Convergenz der Blickrichtungen in seinem Mittelpunkte fest fixirt und nun den Faden um den Fixationspunkt beliebig, doch so dreht, dass der Faden stets in der Blickebene bleibt. Fixirt man hinreichend fest, so sieht man den Faden (ausser wenn er annähernd oder genau in einer Blickrichtung liegt) bei jeder beliebigen Lage in Doppelbildern, die sich im Fixationspunkte durchschneiden, und kann also mit Ausnahme des letzteren für alle in der Blickebene liegenden Punkte den Beweis ihres Doppelterscheinens liefern.

§. 88.

Den ausserhalb der Blickebene gelegnen Horopter hat für die Tertiärstellungen, wie gesagt, MEISSNER bereits empirisch bestimmt und zwar im Wesentlichen richtig. Freilich ist seine Methode nicht hinreichend exact und seine Rechnung ist falsch. Aber die Fehler haben sich z. Th. compensirt und die Endergebnisse mögen deshalb wohl der Wahrheit nahe kommen, was ich natürlich nicht entscheiden kann, da die Neigung der Mittelschnitte, von denen die Neigung der Horopterlinie abhängt, bei derselben Neigung der Blickebene individuelle Verschiedenheiten zeigen kann. Da jedoch die empirische Bestimmung der Horopterlinie der Tertiärstellungen oder vielmehr der Neigung der Mittelschnitte bei diesen Stellungen für die Lehre von den Augenbewegungen eine besondre Wichtigkeit hat, so scheint es mir nöthig, die mit so viel Beifall aufgenommene MEISSNER'sche Methode zur Bestimmung dieser Neigung einer eingehenden Kritik zu unterwerfen, wobei ich Gelegenheit haben werde, einige Punkte von allgemeinerem Interesse zu berühren.

Ich bespreche hier zunächst den Grundgedanken der MEISSNER'schen Methode zur Bestimmung des Horopters der Tertiärstellungen. Wenn uns die Doppelbilder einer hinter dem fixirten Punkte in der Medianebene gelegnen Linie parallel erscheinen, so ist dies nach MEISSNER's Ansicht ein Beweis dafür, dass die entsprechenden Netzhautbilder auf solchen grössten Kreisen der Netzhäute liegen, welche senkrecht auf den queren Mittelschnitten stehen, dass die Netzhautbilder also, auf die Tangentialebene der Netzhaut projicirt, parallel dem Längsmittelschnitte gelegen sind. Dies ist jedoch aus zwei Gründen nicht nothwendig der Fall. Ich übergehe einen dritten Grund, welcher darin liegt, dass die Bestimmung des Parallelismus der Doppelbilder dem Augenmaasse überlassen ist: MEISSNER hat den daraus entspringenden Fehler durch vielfache Wiederholung der Versuche und Berechnung des Mittelwerthes zu eliminiren gesucht.

§. 89.

Den ersten Grund, aus welchem MEISSNER's Voraussetzung irrig ist, habe ich oben bei Besprechung der BURCKHARDT'schen Horopterlehre bereits erwähnt. MEISSNER glaubt »die Krümmung, welche jedes lineare Retinabild besitzt, influire durchaus nicht auf die Erscheinung des Gesichtseindruckes. Würden zwei parallele senkrechte Linien mit einem Auge betrachtet, so nähmen wir nichts von der Convergenz wahr, welche die Retinabilder als Theile zweier grösster Kreise besitzen, wir sähen sie, als ob sich die Bilder auf einer ebenen Retina projicirten.« Dagegen habe ich oben (§. 80.) auseinandergesetzt, dass zwei parallele Linien, sowohl senkrechte als sonstwie gerichtete, uns bei strengster einäugiger Fixation eines zwischen ihnen oder auf ihnen gelegenen Punktes nicht genau parallel, sondern nach oben und unten schwach-convergent, oder vielmehr als zwei schwach gekrümmte Bogen erscheinen, die sich ihre Concavität einander zuwenden, und dass ebenso die Doppelbilder einer entsprechend gelegenen Geraden erscheinen. Diese Concavität ist allerdings nicht so gross, wie sie den Netzhautbildern nach zu erwarten wäre, weil wir das Vermögen besitzen, die durch Projection der Aussendinge auf die kuglige Netzhaut entstandenen perspectivischen Verzerrungen bei der Anschauung innerhalb gewisser Grenzen wieder auszugleichen, aber sie ist doch ein Rest dieser im Anschauungsbilde nicht ganz wieder zu tilgenden Verzerrung. NAGEL hat dasselbe gesehen und es (Das Sehen mit zwei Augen, 1861) durch seine Projectionsflächen zu erklären versucht. VOLKMANN aber hat mir gesagt, dass er sich diese Krümmung der Doppelbilder einer geraden Linie ebenfalls aus der Krümmung der Netzhaut erklärt habe. Sicher ist sie z. Th. so zu erklären.

Diese Verzerrung würde bei MEISSNER's Versuchen nicht in Betracht kommen, wenn er die doppelbildererzeugende Linie über und unter der Blickebene gleichlang gemacht hätte, wie ich dies in §. 17. für ähnliche Versuche angegeben habe; da er aber im Wesentlichen nur die oberhalb der Blickebene gelegene Hälfte benützte (vgl. die Abbild. seines Apparates), so führte er dadurch einen bei allen Einzelversuchen in derselben Richtung erfolgenden Fehler ein. Man erzeuge sich bei Secundärstellung das Doppelbild einer, in der Medianebene senkrecht durch die Blickebene gehenden Geraden, die dem

Fixationspunkte nahe liegt, und verdecke zunächst die untre (oder obre) Hälfte derselben. Neigt man nun die Linie soweit vor oder zurück, bis ihre Doppelbildhälften bei ganz unveränderlichem Fixationspunkte parallel erscheinen, und zieht dann die Decke von der andern Hälfte der Beobachtungslinie weg, so wird man sich überzeugen, dass die Doppelbilder nach der zuerst verdeckten Richtung hin deutlich convergiren; man wird sich nebenbei überzeugen, dass das Urtheil über den Parallelismus noch ausserdem ziemlich unsicher ist, und dass man die halbverdeckte Versuchslinie um einige Grade neigen kann, ohne doch den Eindruck des Parallelismus der Doppelbilder zu verlieren; denn die Schätzung des Parallelismus vollständig indirect gesehener Linien ist begreiflicher Weise nicht so sicher, als die mit Hülfe des directen Sehens unter begleitenden Augenbewegungen ausgeführte Schätzung. Trotz dieser Schwankungen im Urtheil ist aber gleichwohl die Convergenz der Doppelbilder nach der zuvor verdeckten Seite stets eine auffallende, liegt also noch ausserhalb der Schätzungsfehler, immer vorausgesetzt, **dass man die Augen gar nicht bewegt hat.** Man halte die Berücksichtigung dieses Umstandes nicht für Haarspalterei; es handelt sich bei der ganzen Untersuchung um sehr kleine Winkel, und ausserdem geht MEISSNER's Untersuchung so ins Einzelne und Feine, dass ein Fehler, wie der erwähnte, sämmtlichen berechneten Tabellen MEISSNER's ein anderes Ansehen geben muss. MEISSNER's Voraussetzung war also irrig; wir sehen vielmehr die Doppelbilder jener über der Blickebene gelegnen MEISSNER'schen Versuchslinie dann parallel, wenn sie auf Netzhautschnitten liegen, die nicht senkrecht auf der Blickebene stehen, die, auf die Tangentialebene der Netzhaut projicirt, den Längsschnitten nicht parallel sind, sondern mit ihnen nach unten divergiren.

§. 90.

Der zweite Grund, aus dem es nicht erlaubt ist, das Parallelerscheinen der Doppelbilder einer Geraden ohne Weiteres zum Kriterium dafür zu machen, dass ihre auf die Tangentialebene der Netzhaut projicirt gedachten Bilder parallel sind, soll durch folgende Versuche deutlich werden.

Zeichne ich auf eine Ebene zwei parallele Vertikalstriche und halte diese Ebene senkrecht zur Blickrichtung des einen Auges, so erscheinen die Striche bei Schluss des andren, abgesehen von der eben erwähnten leichten Krümmung, parallel; neige ich dann die Ebene mit dem obern Ende vor oder zurück, so erscheinen bis zu einer gewissen Grenze der Neigung die Striche gleichwohl parallel, trotzdem dass sie in Folge perspectivischer Verkürzung nicht mehr Netzhautbilder geben können, die auf der Tangentialebene der Netzhaut parallel sind. Folglich ist hier das Erscheinen paralleler Striche kein Beweis für den Parallelismus ihrer auf die Tangentialebene projicirt gedachten Netzhautbilder. Dies gilt vom einäugigen Sehen; sehen wir zu, wie es sich verhält, wenn das eine Netzhautbild im einen, das andre im andern Auge liegt.

Spanne ich in der Medianebene einen zur Blickebene vertikalen schwarzen Faden auf, halte hinter denselben ein ebenfalls vertikales weisses Blatt und fixire bei Secundärstellung, also z. B. bei entsprechend zurückgeneigtem Kopfe das Blatt, so erhalte ich vom Faden parallele Doppelbilder. Drehe ich hierauf das Papier mit dem obern Ende vom Gesichte weg um eine durch den Fixationspunkt gehende Horizontalaxe, so erscheinen die Doppelbilder des Fadens nach oben divergent, falls es mir gelingt, sie auf dem Blatte zur Anschauung zu bringen, was besonders dann leicht ist, wenn der Faden ausserhalb des Accommodationsraumes liegt, also verschwommen erscheint und nicht mehr als Faden zu erkennen ist. Trotzdem, dass hierbei die Doppelbilder divergent erscheinen, stehen doch beide Netzhautbilder nach wie vor senkrecht auf der Blickebene, würden also, auf die Tangentialebene der Netzhaut projicirt, den Längsmittelschnitten parallel liegen; umgekehrt kann ich auch Doppelbilder, welche auf den Tangentialebenen mit den Längsmittelschnitten divergiren, durch entsprechende Neigung des Blattes als parallel zur Anschauung bringen: Beweis, dass der Parallelismus der Doppelbilder kein Beweis ist für den »Parallelismus« der Netzhautbilder. — Erzeuge ich in einem Auge das Nachbild zweier vertikaler, also paralleler Striche, so liegen die Netzhautbilder auf grössten Kreisen, welche vertikal zum horizontalen Meridian der Netzhaut stehen. Halte ich nun demselben Auge eine mit dem obern Ende vom Gesichte weggeneigte Ebene vor, so erscheint das Nachbild auf derselben als ein nach oben divergentes

Strichpaar, neige ich die Ebene entgegengesetzt, so divergirt das Strichpaar nach unten. Erzeuge ich mir das Nachbild eines convergenten Strichpaares, so kann ich dasselbe auf einer passend geneigten Ebene als ein paralleles zur Erscheinung bringen. Ganz dasselbe ist der Fall, wenn ich, statt die Nachbilder beider Striche in ein Auge zu bringen, nur das eine im einen, das andre im andern auf den entsprechenden Deckstellen erzeuge. Nachbilder also, welche auf die Tangentialebene der Netzhaut projicirt gedacht nicht parallel liegen, kann man als parallele sehen, wenn man sie auf entsprechend geneigter Ebene zur Anschauung bringt, vorausgesetzt, dass die Neigung der Ebene selbst zur Anschauung kommt.

Alle die ebenerwähnten Erscheinungen gehören in das grosse Capitel **von der Incongruenz zwischen den Netzhautbildern und den entsprechenden Anschauungsbildern**. Schon in §. 52 und 53. wurde ein Beispiel dafür näher besprochen; in §. 74. sahen wir, wie ein kreisförmiges Nachbild als Ellipse gesehen werden kann; umgekehrt kann man das Nachbild einer Ellipse annähernd als Kreis sehen. Nachbilder rechter Winkel kann man als spitze oder stumpfe, Nachbilder schiefer als rechte sehen u. dergl. mehr. Alle diese Incongruenzen zwischen Netzhautbild und Anschauungsbild, die bei Nachbildversuchen nur besonders einleuchtend sind, aber beim gewöhnlichen Sehen tausendfältig vorkommen, übersteigen jedoch nie eine gewisse ziemlich enge Grenze, und schon daraus geht hervor, dass sie nicht aus der sogenannten Projection der Netzhautbilder zu erklären sind. Sie beruhen vielmehr auf **unserm schon in §. 2. erwähnten Vermögen, die Einzeltheile des Gesammtnetzhautbildes innerhalb gewisser Grenzen im Sinne der Wirklichkeit ungleichmässig vergrössert zur Anschauung zu bringen**, und zwar halten wir uns dabei an Wahrscheinlichkeitsgründe, wie sie die Perspective, Licht und Schatten, sowie die Erfahrung im weitesten Sinne des Wortes an die Hand geben. Diese ungleichmässige Vergrösserung der Einzeltheile eines Netzhautbildes hat aber, wie gesagt, enge Grenzen; ein allzuschräg gesehener Kreis erscheint als Ellipse, ein perspectivisch allzustark verkürztes paralleles Linienpaar erscheint convergent, ein perspectivisch allzustark verkleinerter oder vergrösserter rechter Winkel erscheint als spitzer oder stumpfer u. dergl. m.

Da nun MEISSNER einen zur Blickebene geneigten Papierstreifen benutzte, welcher die Beobachtungslinie trug, so liegt die Befürchtung nahe, dass die Auffassung der geneigten Lage des Papieres sammt der Linie auf die Auslegung des Doppelnetzhautbildes influirte, und dass die Doppelbilder der Beobachtungslinie also parallel gesehen wurden, wenn sie im Grunde gegeneinander geneigt waren, d. h. wenn ihre auf die Tangentialebene der Netzhaut projicirt gedachten Bilder mit dem Längsmittelschnitte der ersteren nicht parallel lagen. Auch aus diesem Grunde war also MEISSNER's Voraussetzung, auf die sich seine ganze Methode gründete, so ohne Weiteres nicht zulässig. Es fragte sich aber, ob im Besondern bei der Anwendung eines die Versuchslinie tragenden Papierstreifens der wirkliche Fehler vielleicht unerheblich wurde. Es war mir dies von vornherein sehr unwahrscheinlich und ist es mir noch mehr geworden, seit ich gesehen habe, dass ich schon bei Secundärstellung einen 2^{cm} hinter dem 20^{cm} entfernten Fixationspunkte senkrecht zur Blickebene gestellten Papierstreifen mit der Versuchslinie getrost um $3-4^0$ nach vorn oder hinten neigen konnte, ehe ich eine Störung in dem scheinbaren Parallelismus der Doppelbilder wahrnahm. Wenn nun auch ein Theil des hierin begründeten Fehlers durch MEISSNER's grosse Uebung und durch Aufsuchung des Mittelwerthes aus vielen Einzelversuchen eliminirt wurde, so ist doch sehr wahrscheinlich ein Rest des Fehlers zurückgeblieben, der nicht zu eliminiren war, weil er immer in demselben Sinne erfolgte.

Es hat sich also gezeigt, dass der MEISSNER'sche Grundgedanke so ohne Weiteres d. h. ohne Berechnung der, wegen der Netzhautkrümmung etc. nöthigen Correction und ohne Voruntersuchung betreffs der mittlen Grösse eines etwaigen, durch die Neigung des Versuchsobjectes bedingten constanten Fehlers nicht anwendbar ist.

§. 91.

Ich komme zur kurzen Besprechung der Methode, nach welcher MEISSNER seinen Gedanken zur Ausführung brachte. Wenn man gesehen hat, dass MEISSNER seine Ergebnisse nicht bloss nach Graden,

sondern nach Minuten angiebt, erwartet man eine grosse Exactheit
der Versuchsmethode. Dieselbe aber enthält fünf Fehlerquellen, auf
welche MEISSNER z. Th. gar nicht hingewiesen hat, sodass man berechtigt ist, an ihrer Berücksichtigung zu zweifeln.

Als Ausgangspunkt der Messung diente die »ungezwungene aufrechte Kopfstellung«. Wenn man dafür sorgt, dass diese ungezwungene Kopfstellung bei jedem Versuche genau dieselbe ist, und dies wäre leicht durchzuführen, so mag sie gelten. MEISSNER hat aber dafür gar nichts gethan. Da es nun selbstverständlich auf 4—5⁰ vorwärts oder rückwärts bei dieser »ungezwungenen« Stellung nicht ankommen kann, so sind sehr erhebliche Fehler um so mehr möglich, als, wie MEISSNER selbst sagt, es »grosse Aufmerksamkeit und Ueberwindung« kostet, »wenn die Bewegungen des Kopfes nicht ganz unwillkührlich denen der Augen zu Hülfe kommen sollen.« »Mehrmalige Wiederholung der Versuche« kann nicht viel nützen, denn der Fehler erfolgt stets in derselben Richtung, ist constant. MEISSNER hat übrigens weder die Zahl seiner Versuche noch die Einzelwerthe angegeben, sodass eine weitere Controle nicht möglich ist.

Ebensowenig hat MEISSNER dafür gesorgt, dass die Augen stets eine genau symmetrische Stellung zum Fixationspunkte hatten; denn die etwaige Fürsorge, dass der Fixationspunkt stets mitten zwischen den Doppelbildern der Versuchslinie erschien, wäre kein Schutz vor dieser zweiten Fehlerquelle.

»Die Entfernung der Augen vom fixirten Punkte, sowie die Stellung des Kopfes wurde durch einen vertikalen Schirm fixirt, welcher einen horizontal verlaufenden breiten Spalt besass, durch welchen beide Augen ohne Beeinträchtigung hindurch sehen konnten.« Dies ist keine genügende Controle, denn bei horizontal gerichteten Augen ist der Weg vom Auge zum »stets vertikalen« Schirme kürzer (weil senkrecht), als bei geneigter Blickebene (weil schräg). Ausserdem war der Apparat so eingerichtet, dass, wenn der Träger des Fixationspunktes abwärts gedreht wurde, sich der Fixationspunkt erheblich von den Augen entfernte, während er bei Aufwärtsdrehung ihnen näher kam. MEISSNER giebt nicht an, dass er auf diesen Uebelstand seines Apparates irgendwie geachtet habe. Wäre dies wirklich nicht geschehen, so könnten sich daraus Fehler von einigen Centimetern in Bezug auf den angeblichen Abstand des Fixationspunktes ergeben haben. MEISSNER's Tabelle aber berücksichtigt Abstandsunterschiede von 2, ja sogar 1½'''. Dies die sehr wahrscheinliche dritte Fehlerquelle.

Zur Controle dafür, dass der Lichtrichtungsknoten, der Fixationspunkt, und der Drehpunkt der Beobachtungslinie in einer Ebene lagen, diente der »breite« Spalt des erwähnten Schirmes vor den Augen. Nun aber war dieser Spalt, wie aus einer Nebenbemerkung über das Herabrücken des Kreuzungspunkts der Doppelbilder ins Gesichtsfeld hervorgeht, sehr breit und konnte also ein Hinauf- und Hinabrücken des Kopfes innerhalb einer hier sehr wesentlichen Breite, mithin ein Verkennen der wirklichen Neigung der Blickebene gar nicht verhindern. Dies die vierte Fehlerquelle. Sehr unzweckmässig war es endlich, dass MEISSNER der Versuchslinie bei starker Convergenz der Blickrichtungen einen so grossen Abstand vom Fixationspunkte gab. Dieser Mangel, z. Th. im Apparate begründet, ergiebt eine so grosse Distanz der Doppelbilder, dass es ausserordentlich schwer wird, ihren Parallelismus zu schätzen. Man versuche es, z. B. bei 8 ^{cm} Abstand des Fixationspunktes und 11 ^{cm} Abstand der Versuchslinie, und man wird sehen, dass dabei einige Grade mehr oder weniger nicht in Betracht kommen. Dies die fünfte Fehlerquelle.

Ich habe mich über MEISSNER's Methode kurz gefasst, bin aber gern zur nähern Begründung meiner Angaben bereit, um so mehr, als ich die Grösse der möglichen Fehler für die einzelnen Fehlerquellen bestimmt habe. Aber schon das Gesagte wird hinreichen, um zu sehen, dass die Mangelhaftigkeit der Methode wohl einige allgemeine, nicht aber so detaillirte Ergebnisse, wie sie MEISSNER gegeben hat, zu gewinnen erlaubt.

§. 92.

Unrichtig ist in MEISSNER's Arbeit auch die Entwicklung der Formel, nach welcher er sein Beobachtungsmaterial verwerthet und in Tabellen umgesetzt hat. Es hat jedoch ein glücklicher Zufall gewollt, dass die Formel nicht so sehr falsch geworden ist, wie sie hätte werden können, wenn sich nicht die Fehler zufällig compensirt hätten. Ich will eine kurze Uebersicht der Rechnungsfehler geben.

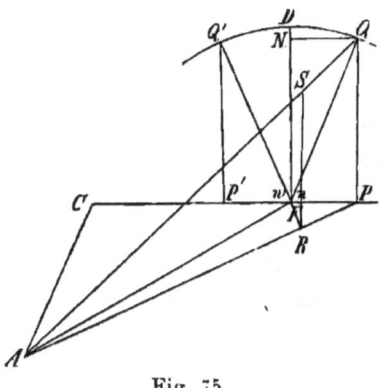

Fig. 75.

In Fig. 75 ist A der Lichtrichtungsknoten, C der Mittelpunkt der Grundlinie, F der Fixationspunkt, CP also die Medianlinie, FD eine in F senkrecht stehende Beobachtungslinie, FQ uud FQ' dieselbe Linie nach einer innerhalb der Medianebene ausgeführten Neigung, n und n' sind die gleichen Winkel dieser Neigung. Die Netzhaut nimmt MEISSNER als eine am hintern Ende der Augenaxe vertikal zur letzteren stehende Ebene und denkt sich die Netzhautbilder mittels der Richtungslinien auf diese Tangentialebene projicirt. Er sagt nun:

»Wird FN gleich PQ gemacht, so würde sich das Retinabild der Linie FN zu dem der ganzen Linie FD verhalten $=\frac{\sin n}{1}$, oder $\sin n$ würde der Ausdruck für das Retinabild von FN sein.«

Es versteht sich von selbst, dass letzteres nur der Fall sein kann, wenn das Netzhautbild von FD gleich 1 gesetzt wird.

»Wird $AR = AF$ gemacht, und dann RS parallel zu PQ, d. h. senkrecht zur Visirebene gezogen, so ergiebt das Verhältniss von RS zu PQ den in Frage stehenden Unterschied zwischen den Winkelgrössen der Bilder von FN und PQ.«

Erstens kommt es hier nicht auf »Winkelgrössen«, sondern auf die sinus jener Winkel an, denn die Netzhautbilder sind angenommenermaassen nicht Bogen sondern grade Linien, zweitens kommt es nicht auf den »Unterschied« der sinus, sondern auf ihr Verhältniss an, und das hat MEISSNER wohl eigentlich sagen wollen, denn sonst wäre seine Bemerkung allzufalsch; drittens könnte das Verhältniss $\frac{RS}{PQ}$ nur dann zugleich das Verhältniss der entsprechenden Netzhautbilder sein, wenn die Netzhaut ein senkrecht auf der Blickebene stehender Cylindermantel wäre, dessen Axe durch A ginge. MEISSNER hat aber selbst für die Rechnung die Netzhaut als Ebene angenommen, was ganz zweckmässig, aber nun auch beizubehalten ist.

»Es ist $\frac{RS}{PQ}=\frac{AR}{AP}$. Für diesen Ausdruck kann ohne erheblichen Fehler, wenn die Entfernung der Objecte vom Auge nicht sehr gering ist, gesetzt werden: $\frac{RS}{PQ}=\frac{CF}{CP}$«.

Die Einführung dieses Fehlers in die Formel ist zum Mindesten unzweckmässig.

»Der Ausdruck für das Retinabild bc der Linie PQ ist also
$$bc=\sin n\,\frac{CF}{CP}\,(1.)«.$$

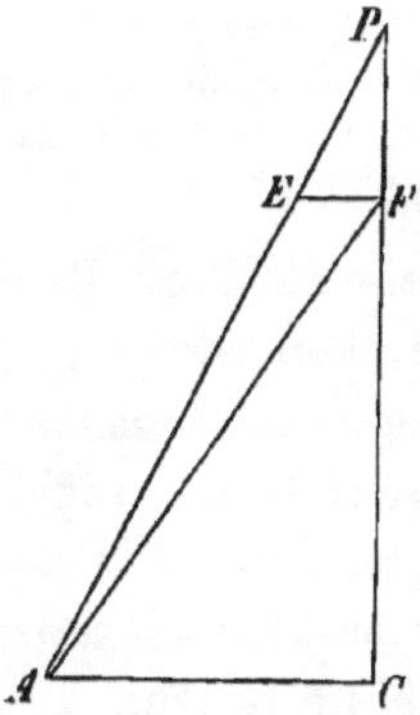

Diese Formel wäre also nur richtig, wenn das Netzhautbild von $FD=1$, die Netzhaut ein Cylindermantel und $\frac{AR}{AP}=\frac{CF}{CP}$ wäre. — Fig. 76 ist die Fig. 75 von unten gesehn.

Das Bild einer Linie PF ist gleich dem Bilde einer Linie EF, welche parallel zu AC gezogen ist. Es ist nun
$$\frac{EF}{PF}=\frac{AC}{CP}\;\text{oder}\;\frac{EF}{\cos n}=\frac{AC}{CP}«.$$

PF ist nicht $=\cos n$. Dies wäre nur möglich, wenn man FQ oder $FD=1$ setzen wollte, was jedoch nicht mehr anginge, weil in derselben Rechnung schon das Netzhautbild von $FD=1$ gesetzt ist. MEISSNER fährt unmittelbar fort:

Fig. 76.

»daher ist der Ausdruck für das Retinabild ab der Linie FP:
$$ab=\cos n\,\frac{AC}{CP}\,(2)«.$$

Also setzt er abermals zwei ganz verschiedne Werthe, nehmlich EF und sein Netzhautbild ab einander gleich. Aus Formel 1 und 2 erhält er nun die Formel $\frac{ab}{bc}=\cot x=\cot n\,\frac{AC}{CF}$; ab und bc sind nehmlich auf der Netzhaut die Katheten des Netzhautbildes vom Dreieck FPQ, und Winkel x ist das Netzhautbild des Winkels n. Ich habe oben §. 81. gezeigt, wie sich die richtige Formel für das Verhältniss dieser beiden Winkel leicht finden lässt; ich erhielt dort $\operatorname{tang} n = \operatorname{tang} x \sin \varphi$, also $\cot x = \cot n \sin \varphi$. Da ich φ den halben Convergenzwinkel der Blickrichtungen nannte, also den Winkel $AFC=\varphi$ ist, so ist $\frac{AC}{CF}=\operatorname{tang}\varphi$, nach MEISSNER's Formel demgemäss $\cot x = \cot n\, \operatorname{tang}\varphi$. Da bei kleinen Winkeln die Tangente dem Sinus nahe kommt, so sieht man, dass sich trotz der Fehler noch ein leidliches Ergebniss herausgestellt hat; richtig könnte MEISSNER'S Formel aber nur dann sein, wenn $\sin\varphi=\operatorname{tang}\varphi$ d. h. $\varphi=0$ wäre, was nicht in Betracht kommen kann.

In gleichfalscher Weise entwickelt nun MEISSNER auch die Formel für Winkel n' (Fig. 75), was überflüssig ist, weil es sich von selbst versteht, dass die Formel dieselbe sein muss; denn läge Winkel n, statt über, entsprechend unter der Blickebene, so würde für ihn dieselbe Formel gelten, und dann wäre Winkel n' sein Scheitelwinkel, also auch für diesen die Formel gültig. MEISSNER fährt fort:

»Es bedarf nicht der Erwähnung, dass der Ausdruck $\cot x = \cot n \frac{AC}{CP}$ auch dann unmittelbare Anwendung findet, wenn nicht, wie oben, der Scheitelpunkt des Winkels fixirt wird, sondern dieser sich in der mittlen Vertikalebene (Medianebene) vor oder hinter dem fixirten Punkte befindet.«

Dies bedarf aber sehr wohl der Erwähnung, denn für diese Fälle würde die Formel auch wenn sie sonst richtig wäre, keineswegs passen, Sie ist unter der Voraussetzung entwickelt, dass die angenommene Netzhautebene senkrecht steht auf der Linie, welche den Lichtrichtungsknoten A mit dem Fusspunkt F der geneigten Linie FQ verbindet; dies ist aber nur möglich, wenn dieser Fusspunkt selbst fixirt wird. Wird ein andrer Punkt fixirt, so ändert sich die Neigung der Netzhautebene zur Medianebene, mithin wird auch der auf die Netzhaut projicirte Winkel ein andrer. MEISSNER übersieht also diesen neuen, sechsten Rechnungsfehler und kommt so zur Schlussformel. Er nimmt FQ als Horopterlinie einer Tertiärstellung, und nennt nun ihren Neigungswinkel zur Blickebene m, welcher, auf die Netzhaut projicirt, als Winkel x erscheint. In P z. B. wird eine zweite indirect gesehene Linie aufgestellt und so geneigt, dass sie parallele Doppelbilder giebt; ihr Neigungswinkel heisst n, und es sind die entsprechenden Netzhautbilder nach MEISSNER's, oben als irrig erwiesener Meinung ebenfalls unter dem Winkel x zum Horizontalschnitt der Netzhaut geneigt. So erhält er die zwei Formeln $\cot x = \cot n \frac{AC}{CP}$ und $\cot x = \cot m \frac{AC}{CP}$ und aus beiden die Schlussformel $\frac{\cot n}{\cot m} = \frac{CP}{CP}$, in welcher n experimentell bestimmt, und also m die einzige Unbekannte ist.

Diese Schlussformel ist also unter Mitwirkung von sechs Rechnungsfehlern entwickelt worden; auf ihr fussen sämmtliche Rechnungen und Tabellen MEISSNER's. Der Zufall hat es gewollt, dass die Formel nicht so sehr falsch geworden ist, wie sie unter den besprochenen Umständen hätte werden müssen, wenn sich nicht die Fehler grösstentheils compensirt hätten. Wenn also die Formel für gewisse Fälle der Wahrheit ziemlich nahe kommt, so ist dies Ergebniss nicht durch die Rechnung, sondern trotz der Rechnung möglich geworden.

§. 93.

Ich will hier noch in der Kürze einen Punkt der Abhandlung MEISSNER's berühren, um dessentwillen er sehr heftig von CLAPARÈDE (REICHERT und DU BOIS' Arch. 1859 S. 384), jedoch mit Unrecht angegriffen worden ist. In Abschnitt 15. erörtert nehmlich MEISSNER die Thatsache, dass zwei in der Medianebene gelegne und zur Blickebene geneigte Parallelen sich auf der Tangentialebene der Netzhaut nicht wieder parallel abbilden können, dass also auch umgekehrt zwei auf der Tangentialebene parallel zur Blickebene geneigte lineare Netzhautbilder nicht zu parallelen Linien der Medianebene gehören können. Es handelt sich also lediglich um eine Perspectivfrage. MEISSNER hat vollkommen Recht, wenn er behauptet, von zwei in der Medianebene gelegnen und zur Blickebene geneigten Linien müsse die fernere unter kleinerem Winkel zur Blickebene geneigt sein, als die nähere, wenn beide sich auf der Tangentialebene der Netzhaut parallel abbilden sollen. Die Formel, welche MEISSNER für das Verhältniss der beiden Neigungswinkel entwickelte, ist allerdings ganz falsch, CLAPARÈDE aber greift nicht diese, sondern die Thatsache überhaupt an und nennt sie eine Ungereimtheit. Nicht ohne Scharfsinn sucht er MEISSNER in folgender Weise *ad absurdum* zu führen:

»Wenn die MEISSNER'sche Behauptung begründet wäre, so würde nothwendig daraus folgen, dass eine zwischen dem Gesichte und dem fixirten Punkte in der mittleren Vertikalebene (Medianebene) der Horopterlinie genau parallel gehaltene Linie in convergirenden Doppelbildern erscheinen d. h. zu zwei Doppelbildern Veranlassung geben müsste, die einen gemeinschaftlichen Punkt besitzen. Dieser Punkt würde also, obgleich dem Horopter nicht angehörig, dennoch einfach gesehen werden. Damit ist es aber noch nicht genug: nach der MEISSNER'schen Lehre ist eine in der mittlern Vertikalebene so gehaltne Linie, dass deren Doppelbilder genau parallel erscheinen, der s. g. Horopterlinie nicht parallel, woraus natürlicherweise folgt, dass diese Linie oder deren Verlängerung die Horopterlinie irgendwo durchschneiden muss, denn beide Linien sind in derselben Vertikalebene enthalten. Nun aber kann dieser Durchschnittspunkt, obgleich dem MEISSNER'schen Horopter angehörig, unmöglich einfach erscheinen, da dessen Bild sowohl dem einen, wie dem andern Doppelbild der beobachteten Linie angehören muss, und wir wissen, dass diese **parallelen** Doppelbilder keinen einzigen gemeinschaftlichen Punkt besitzen. **Wenn daher MEISSNER's Formeln und Horopterlehre richtig wären, so würde der Horopter einen doppelt gesehenen Punkt enthalten, ja sogar würde dieser Horopter** — da man bei allmähliger Verrückung der Linie sowohl vor wie hinter dem fixirten Punkte, einen jeden Punkt der Horopterlinie zum Durchschnittspunkt durch die zum Versuch dienende Linie machen kann — **aus lauter doppelt gesehenen Punkten bestehen**, was offenbar ein Unsinn ist.«

Betrachten wir zuerst den Fall, in welchem eine in der Medianebene der Horopterlinie parallele Linie nach oben oder unten convergirende Doppelbilder giebt. CLAPARÈDE folgert richtig, dass sich dann die Doppelbilder oder ihre Verlängerungen mit entsprechenden Punkten durchschneiden müssen, dass also ein Punkt der indirect gesehenen Linie einfach gesehen werde, obwohl die ganze Linie ausserhalb des Horopters liegt. Dieses Paradoxon löst sich sehr einfach, wenn man berechnet, auf welche Deckstellen das Bild des einfach erscheinenden Punktes jener ausserhalb des Horopters befindlichen Linie zu liegen kommt. Man sieht dann, dass dies unter allen Umständen d. h. bei beliebigem Abstande der Linie vor oder hinter dem Fixationspunkte, diejenigen Deckstellen sind, deren Lichtrichtungen der Horopterlinie parallel gehen und also letztere so zu sagen erst in unendlicher Ferne schneiden, woselbst aber auch natürlich die dem Horopter parallele Linie den letzteren so zu sagen schneidet, d. h. in den Horopter selbst zu liegen kommt und daher einfach erscheinen muss.

CLAPARÈDE meint ferner, wenn es möglich wäre, dass eine in der Medianebene gelegene, unter bestimmtem Winkel zur Blickebene geneigte, dem Horopter nicht parallele Linie in »parallelen« Doppelbildern erschiene, so müsste der Horopter einen doppelt gesehenen Punkt enthalten, da ja doch die Linie den Horopter irgendwo durchschneiden müsse. Dieser Widerspruch löst sich ebenfalls. Berechnet man den Punkt, in welchem die zur Blickebene geneigte Gerade die ebenfalls geneigte Horopterlinie durchschneidet, so findet man, dass die Lichtrichtung dieses Punktes unter allen Umständen, d. h. bei beliebigem Abstande der Geraden vor oder hinter dem Fixationspunkte, der Tangentialebene der Netzhaut und insbesondere der »vertikalen Trennungslinie« der letzteren parallel geht, dass sie also die wirkliche kugelflächige Netzhaut am einen Endpunkte des Längsmittelschnittes d. i. im Pole der sämmtlichen Längsschnitte schneidet. Dieser Netzhautpunkt gehört demnach nicht bloss zwei sondern allen Längsschnitten zugleich an, und müsste ebenso gut hundertfältig gesehen werden können, wenn es wahr wäre, dass lineare, auf den Längsschnitten gelegne Netzhautbilder streng parallel erschienen. Dies ist aber, wie oben besprochen wurde, nicht genau der Fall, und Netzhautbilder, welche, auf die Tangentialebene projicirt gedacht, parallel sind, erscheinen nach oben und unten schwach convergent, würden also endlich sich schneiden, wenn man sie soweit indirect sehen könnte; dasselbe würde also auch streng genommen mit den Doppelbildern jener Linie geschehen, welche auf der Tangentialebene der Netzhaut Bilder giebt, die dem Bilde der Horopterlinie parallel sind. Dies würde auch MEISSNER gar nicht bestreiten, denn er urgirte das Parallelerscheinen solcher Doppelbilder nur für den mittlen Theil der Netzhaut, nicht aber für die äusserste Peripherie derselben, die ja doch praktisch gar nicht in Betracht kommt. CLAPARÈDE hat sich aber überhaupt die Sache nicht recht klar gemacht, denn er fügt hinzu, dass der Horopter dann aus lauter doppelt gesehenen Punkten würde bestehen müssen, weil man bei allmählicher Verrückung der Linie, vor wie hinter dem fixirten Punkte, einen jeden Punkt der Horopterlinie zum Durchschnittspunkte der zum Versuche dienenden Linie machen könnte. Dies könnte aber darum gar nicht der Fall sein, weil man bei jeder Verrückung der Linie auch ihren Neigungswinkel entsprechend d. h. so ändern müsste, dass sie stets die Horopterlinie in einem und demselben Punkte durchschnitte. Dabei würde das Netzhautbild der Linie auf immer andre Längsschnitte zu liegen kommen, sein Durchschnittspunkt mit dem Bilde der Horopterlinie, d. i. mit dem Längsmittelschnitte, aber immer derselbe, d. i. der Pol der sämmtlichen Längsschnitte bleiben.

§. 94.

Es bleibt jetzt nur noch der empirische Horopter der unsymmetrischen Convergenzstellungen mit ungleich gelegenen Mittelschnitten übrig. Darüber ist wenig zu sagen; denn es versteht sich wohl von selbst, dass man für so verwickelte Verhältnisse eine empirische Bestätigung des mathematischen Horopters nicht verlangen wird, nachdem der letztere bei allen einfacheren Versuchsbedingungen die Probe bestanden hat. Wollte man sich die überflüssige Mühe geben, den Horopter für eine bestimmte Stellung dieser Art zu berechnen und dann die Augen in diese Stellung zu bringen, so würde eine annähernde empirische Bestätigung ebenfalls möglich sein. Aber jener Berechnung müsste die schwierige experimentelle Bestimmung der Neigung der Mittelschnitte mittels Nachbildversuchen oder dergl. vorangehen.

Dass der Horopter der unsymmetrischen Convergenzstellungen nur ein Punkt sei, haben Meissner und Andre vor und nach ihm lediglich behauptet, keineswegs theoretisch oder experimentell bewiesen, sodass man sich unbedenklich an die in §. 82. gegebene theoretische Bestimmung halten darf.

BEITRÄGE

ZUR

PHYSIOLOGIE.

VON

Dr. med. EWALD HERING,

PRAKTISCHEM ARZTE UND PRIVATDOCENTEN DER PHYSIOLOGIE.

FÜNFTES HEFT:

VOM BINOCULAREN TIEFSEHEN.
KRITIK EINER ABHANDLUNG VON HELMHOLTZ ÜBER
DEN HOROPTER.

LEIPZIG,
VERLAG VON WILHELM ENGELMANN.
1864.

1841436

VORWORT.

Das vorliegende Heft giebt meinen Abhandlungen über den Ortsinn der Doppelnetzhaut einen vorläufigen Abschluss. Es enthält die allgemeine Theorie des Gegenstandes mit besonderer Rücksicht auf die Tiefenwahrnehmung. Ich habe mich in Vergleich zur Wichtigkeit des Gegenstandes und der Fülle des hierhergehörigen Stoffes kurz und stellenweise dogmatisch kurz gefasst: erstens weil mir als praktischem Arzte nur eine knappe Muse zugemessen ist, zweitens weil die herrschende Richtung der physiologischen Optik meiner Auffassung nicht günstig ist, daher mir eine detaillirte Ausarbeitung meiner Theorie nicht opportun schien. Zwar hat HELMHOLTZ die von mir angegriffene Lehre seiner Schüler WUNDT und NAGEL nicht, wie vielfach erwartet wurde, als die seinige anerkannt, sondern sich formaliter auf die Seite der Identitätstheorie gestellt; aber in seinen Arbeiten über die Augenbewegung und den Horopter operirt der scharfsinnige Forscher noch immer mit den Voraussetzungen und Begriffen der Richtungslinientheorie und hat dadurch, wie ich gezeigt zu haben glaube, mancherlei fundamentale Fehler in seine Abhandlungen gebracht. FICK hat sich noch ganz neuerdings mit voller Entschiedenheit zur Projectionstheorie bekannt. Nur VOLKMANN vertritt in seiner neuesten Abhandlung im Wesentlichen dieselben Ansichten wie ich.

Unter diesen Umständen, d. h. solange noch Männer wie HELM-
HOLTZ und FICK zur Opposition gehören, darf ich kaum auf günstige
Aufnahme meiner Arbeiten rechnen. Dazu kommt die sehr »psycho-
logische« Färbung aller neueren Abhandlungen über das Sehen, während ich mich auf rein physiologische Basis gestellt habe. Schon
VOLKMANN hatte die Lehre vom Sehen mehr und mehr vom physiologischen Boden gelöst und den Armen der Psychologie entgegenge-
führt. Unter den Händen WUNDT's wurde sie gänzlich zur Adoptiv-
tochter der Psychologie. An Stelle des physiologischen Geschehens
trat der logische Process, die Mechanik des Nervensystems wurde
zum Syderoxylon des »unbewussten Schlusses«, KANT und
HERBART, sonst oft geschieden, mussten sich zu diesem Werke die
Hände reichen, und schliesslich erschien CLASSEN's »Schlussverfahren des Schachtes«.

Wenn erst diese psychologischen Abschweifungen sowohl als die
Richtungslinientheorie völlig überwunden sein werden, wird es an
der Zeit sein, der hier erörterten Theorie eine weitere Ausarbeitung
zu geben, vorausgesetzt, dass bis dahin nicht ihre Unhaltbarkeit dargethan worden ist.

Ich bemerke der Vollständigkeit wegen hier noch die kleineren
Abhandlungen, welche ich über denselben Gegenstand andernorts
veröffentlicht habe:

Ueber Dr. A. CLASSEN's Beitrag zur physiologischen Optik. VIRCHOW's Archiv. Bd. XXVI. S. 560.

Ueber W. WUNDT's Theorie des binocularen Sehens.
POGGENDORFF's Annal. der Physik. Bd. CXIX. S. 115.

Zur Kritik der WUNDT'schen Theorie des binocularen
Sehens. POGGENDORFF's Annal. Bd. CXXII. S. 476.

Das Gesetz der identischen Sehrichtungen. REICHERT und
DU BOIS Archiv. 1864. S. 27. (Resumé vom Inhalte des I. und II. Heftes
dieser Beiträge.)

Die sogenannte Raddrehung des Auges in ihrer Bedeutung für das Sehen bei ruhendem Blicke. REICHERT und DU BOIS
Archiv. 1861. S. 278. (Widerlegung des MEISSNER-HELMHOLTZ'schen Prin-
cips der Orientirung).

Bemerkungen zu VOLKMANN's neuen Untersuchungen
über das Binocularsehen. REICHERT und DU BOIS Archiv. 1864. S. 303.

Der zweite Abschnitt vorliegenden Heftes enthält eine Kritik der neuen Arbeit von HELMHOLTZ über den Horopter (Archiv f. Ophthalmol. Bd. X. Abth. I). Der geschätzte Forscher hat seine frühere, von mir im vorigen Hefte kritisirte Methode nicht wieder benützt, sondern das Problem ebenso angefasst, wie ich dies bereits im III. Hefte in elementarer Weise gethan hatte. Eine **allgemeine** Lösung des Problems, wie sie das IV. Heft brachte, hat HELMHOLTZ nicht gegeben. Ausser der Erörterung der mathematischen Fehler, welche die Arbeit enthält, habe ich eine eingehende Kritik der, wie ich meine, irrigen Ansicht gegeben, welche HELMHOLTZ von der Bedeutung des Horopters beim Sehen aufstellt.

Leipzig, den 19. Sept. 1864.

Der Verfasser.

INHALT.

Vom binocularen Tiefsehen.

- §. 116. Einleitendes 287
- §. 117. Vom identischen Tiefenwerthe der symmetrischen Netzhautstellen 289
- §. 118. Alle in einem Partialhoropter gelegenen unbegrenzten Geraden und alle im Totalhoropter gelegenen Punkte erscheinen nothwendig einfach und zwar ursprünglich auf der Kernfläche des Sehraumes 296
- §. 119. Alle im Längshoropter gelegenen Punkte erscheinen ursprünglich einfach in der Kernfläche des Sehraumes 304
- §. 120. Alle ausserhalb des Längshoropters gelegenen Punkte und alle ausserhalb der Partialhoropteren gelegenen unbegrenzten Geraden erscheinen ausserhalb der Kernfläche des Sehraumes 305
- §. 121. Vom complementären Antheil der Netzhäute am Sehraum . . . 308
- §. 122. Von der Bedeutung des Wettstreites der Netzhäute und des Dominirens der Contouren 312
- §. 123. Bedeutung der Augenbewegungen für die Tiefenwahrnehmung . . 316
- §. 124. Grundzüge der allgemeinen Theorie des Raumsehens 323
- §. 125. Vom Stereoskope 329
- §. 126. Vom Orte der Trugbilder 335
- §. 127. Von der Lage des Kernpunktes relativ zum Ich 342

Kritik einer Abhandlung von Helmholtz über den Horopter.

- §. 128. 347

Vom binocularen Tiefsehen.

§ 116.

Einleitendes.

Während ich im Früheren stets von Netzhautbildern mit Flächeninhalt gesprochen habe, muss ich bei Besprechung der binocularen Tiefenwahrnehmung von den Bildern selbst ganz absehen und darf mich nur auf ihre farblosen und raumleeren Umrisse beziehen. Wie ich schon kurz erörtert habe, ist ein Strich ein ganz anderes Sehobject, als eine Linie, d. i. die an sich farblose und raumleere Grenze zwischen zwei Farben, wenn ich einmal der Einfachheit wegen jede Lichtempfindung Farbe nennen darf. Ein Strich hat stets Farbe und Rauminhalt, wäre er auch noch so fein; er hat zwei Längscontoure, und ist insofern ein doppeltes Object. Analog ist der Unterschied zwischen Flecken und Punkten. Man pflegt zu sagen, die mathematische Linie und der mathematische Punkt seien Producte der Abstraction, nie habe man wirklich solche gesehen. Und doch bietet uns jeder Augenblick tausende von mathematischen Linien und Punkten dar. Jeder Umriss eines Gegenstandes, für welchen das Auge accommodirt ist, stellt sich uns als eine mathematische Linie dar, und wo zwei solche Linien sich durchschneiden, haben wir das sinnliche Bild eines mathematischen Punktes. Die Unterscheidung der blossen Umrisse der Bilder von den Bildern selbst ist für das Folgende von grosser Wichtigkeit. Eigentlich müssten alle Elementarversuche über die binoculare Tiefenwahrnehmung nur mit mathematischen Linien und Punkten angestellt werden. Denn nur so liesse sich der gewaltige Einfluss des erworbenen Tiefsehens eliminiren. Wir müssen uns freilich statt der mathematischen Linien möglichst feiner, mattschwarzer Drähte bedienen. Das a priori wünschenswerthe Experimentiren mit Punkten aber lässt sich nicht annähernd ermöglichen, weil wir zwar feinste Kügelchen benützen, aber dieselben nicht frei schwebend im Raume anbringen könnten. Die übliche Benützung schwarzer Marken auf Papier ist für die hier einschlagenden Versuche desshalb sehr unzweckmässig, weil wir uns nie ganz von der Vorstellung der Papierfläche emancipiren können, und weil überhaupt ein solches Papier zahlreiche Motive für die **erworbene** Tiefenauslegung bietet, welche sich dann mit den Motiven des **ursprünglichen** Tiefsehens aufs Trübste mischen. Denn die erworbene Tiefenauslegung ist in vielen Fällen der ursprünglichen gerade entgegengesetzt.

Von der erworbenen Tiefenwahrnehmung darf man im Allgemeinen sagen, dass sie die Dinge auf Grund der gesammten Erfahrung, analog ihrer wirklichen Entfernung von dem sie sehenden Auge localisirt, oder vielmehr zu localisiren strebt, denn eine der Wirklichkeit genau entsprechende Localisation ist aus vielen Gründen allerdings unmöglich (vergl. § 55 u. 56). Jeder, der zwei Augen hat, ist nun in Betreff des erworbenen Tiefsehens ein doppelter Einäugiger, d. h. für jedes seiner beiden Netzhautbilder gelten alle die zahllosen Motive zur Tiefenauslegung, welche auch den wirklich Einäugigen leiten. Aber ausser diesem erworbenen Tiefsehen giebt es noch ein Tiefsehen, welches auf einer angebornen Sinnesenergie beruht, **völlig unabhängig von aller Erfahrung wirkt** und um so reiner an den Tag tritt, wenn Alles ausgeschlossen wird, was das erworbene Tiefsehen in Thätigkeit versetzt. Nie wird derjenige eine klare Einsicht in die Gesetze der Tiefenwahrnehmung gewinnen, welcher nicht jede von beiden Arten des Tiefsehens gesondert untersucht, und dann erst die mannichfache Mischung und die oft eintretenden Kämpfe beider betrachtet. Ein vorläufiges und sozusagen ideales Schema für die **erworbene** Tiefenwahrnehmung der **raumhaltigen** Netzhautbilder habe ich S. 43 u. 169 gegeben; jetzt werde ich das Schema für die **ursprüngliche** Tiefenwahrnehmung der **Umrisse**, d. h. der raumleeren und farblosen Linien und Punkte entwickeln.

Die ganze folgende Darstellung wird sich ausserordentlich vereinfachen lassen, **wenn wir die Netzhäute als senkrecht zu den Gesichtslinien stehende Ebenen ansehen**. Dadurch werden zwar allerhand kleine Fehler mit aufgenommen, so z. B. die Annahme, dass zwei senkrecht zur Blickebene liegende Parallelen dem Einauge streng parallel erscheinen, was sie nicht thun, da sie vielmehr als zwei schwach gekrümmte Bogen erscheinen, und vieles A. m.: aber die Fehler sind sämmtlich klein, und ich behalte mir die spätere Eliminirung derselben vor. Ueberhaupt würde, wenn ich alle mir bekannten kleinen Abweichungen von dem im Folgenden Vorgebrachten berücksichtigen wollte, die Darstellung durch fortwährende Restrictionen unglaublich aufgehalten werden.

§ 117.

Vom identischen Tiefenwerthe der symmetrischen Netzhautstellen.

Wie ich früher ausführlich gezeigt habe, ist die Hälftungslinie des Convergenzwinkels der Gesichtslinien, also bei symmetrischen Augenstellungen die Medianlinie die gemeinsame Schrichtung der Netzhautmitten. Bildet sich ein Aussenpunkt auf beiden Netzhautmitten ab, so erscheint er einfach auf dieser Hauptsehrichtung. Die scheinbare Ferne dieses Punktes innerhalb seiner Schrichtung ist von allerlei, später noch ausführlicher zu erörternden Momenten abhängig. Den scheinbaren Ort aber, den dieses gemeinsame Bild beider Netzhautmittelpunkte einnimmt, habe ich als den Kernpunkt des Sehraums bezeichnet.

Auf beiden Netzhäuten entsprechen sich, wie ich ferner gezeigt habe, je zwei gleichliegende sogenannte identische Punkte derart, dass aus ihren Erregungen stets eine einfache, wenngleich im Wettstreite wechselnde Farbenempfindung entsteht, welche uns in einer ganz bestimmten, den beiden Netzhautpunkten gemeinschaftlich zukommenden Schrichtung erscheint. Die Lage der letzteren relativ zur Hauptsehrichtung ist abhängig von der Lage der beiden Netzhautpunkte relativ zu den Netzhautmitten. Ich habe je zwei solche Netzhautpunkte als Deckstellen oder Deckpunkte der Doppelnetzhaut bezeichnet. Je zwei Deckpunkten kommt also eine identische Schrichtung zu.

Da ein und derselbe Lichtreiz (Farbe) in einer andern Richtung empfunden wird, wenn er den Netzhautpunkt a, als wenn er den Punkt b betrifft, so folgt, dass der Lichtreiz in beiden Fällen verschieden auf das Sensorium wirkt: denn sonst könnte nicht das Ergebniss in beiden Fällen verschieden sein. Jede von einem beliebigen

Netzhautpunkte her im Sensorium ausgelöste Empfindung ist sozusagen gemischt aus einer Lichtempfindung und einem Raumgefühl, welches hier insbesondere, jedoch nur vorläufig, als **Richtungsgefühl** *) benannt werden soll. Mit einem und demselben Richtungsgefühl können sich also die verschiedensten Lichtempfindungen, und mit derselben Lichtempfindung die verschiedensten Richtungsgefühle mischen, je nachdem derselbe Netzhautpunkt nacheinander von verschiedenen Lichtreizen getroffen wird oder derselbe Lichtreiz verschiedene Netzhautpunkte erregt.

Eine von philosophischen Ansichten geleitete Physiologie hat die Raumgefühle, welche sich den von der Netzhaut ausgelösten anderweiten Empfindungen beimischen, als **Localzeichen** benannt, welche die »Seele« in den Stand setzen sollen, die Empfindung am entsprechenden Orte »vorzustellen«. Die empirische Physiologie jedoch hat bis jetzt keine Veranlassung die »**Vorstellung**« des Räumlichen mit der »**Empfindung**« des Räumlichen zu vertauschen, sondern sie bedient sich mit Vortheil beider Ausdrücke als zweier wohl unterschiedener Begriffe.

Da die gesonderte Reizung eines jeden von zwei Deckpunkten oder auch die gleichzeitige Reizung derselben in einer und derselben Richtung empfunden wird, oder da, wie ich sagte, zwei Deckpunkten eine gemeinschaftliche Sehrichtung zukommt, so folgt, dass die Reizung zweier Deckpunkte ein und dasselbe Richtungsgefühl auslöst. Dem Punktpaare a, a gehört sozusagen ein gemeinsames Richtungsgefühl A zu, dem Punktpaare b, β das Richtungsgefühl B etc.

Um nun nicht immer sagen zu müssen, die Reizung des Punktpaars a, α löst das gemeinsame Richtungsgefühl A aus, will ich kurz sagen, die Bilder des Punktpaares a, α haben (gemeinschaftlich und auch jedes für sich) den **Richtungswerth** A. Jedem Paar Deckpunkte kommt also ein gemeinschaftlicher Richtungswerth zu.

Zum Beweise des bis hierher Gesagten brauche ich für jetzt nichts hinzuzufügen; ich glaube hinreichend dargethan zu haben, dass das Vorstehende nichts Hypothetisches, sondern eine kurze Zusammenfassung des Thatsächlichen ist. Nur die Bezeichnung »Raum-

---

*) Man stosse sich nicht an diese sonderbare Bezeichnung. Ich führe dieselbe hier nur interimistisch ein, um sie in § 124 wieder zu eliminiren.

gefühle« bedürfte noch weiterer Begründung, welche ich auch später zu geben gedenke. Für jetzt mag man sie immerhin nur für willkürlich gewählt halten und ihnen das Wort Localzeichen substituiren: das Folgende verliert dadurch, wie ich glaube, nicht an Verständniss.

Durch die Richtungsgefühle wird jeder von der Netzhaut her ausgelösten Lichtempfindung zwar eine bestimmte Richtung angewiesen, aber der Ort innerhalb dieser Richtung bleibt hierbei noch völlig unbestimmt. Gleichwohl ist, wie im Folgenden ausführlicher nachgewiesen werden wird, selbst bei Ausschluss aller in der Erfahrung begründeten Motive, auch der Ort, an welchem das Licht empfunden, d. h. gesehen wird, ursprünglich ein bestimmter, durch gewisse, der Lichtempfindung beigegebene Raumgefühle bedingter. Denn ausser den Richtungsgefühlen, oder um mich so auszudrücken, ausser den Richtungswerthen, welche den einzelnen Netzhautpunkten zugetheilt sind, existirt noch ein zweites System von Raumgefühlen oder sozusagen von **Tiefenwerthen**. Jeder einzelnen Netzhautstelle kommt nicht nur ein von ihr auslösbares Richtungsgefühl, sondern auch ein **Tiefengefühl** zu, nur dass die Tiefenwerthe ganz anders über die Netzhaut vertheilt sind, als die Richtungswerthe, nämlich nicht, wie diese, gleichsinnig, sondern **gegensinnig** oder **symmetrisch**.

Man erinnere sich, dass ich, gegenüber der üblichen Eintheilung der Netzhaut nach Meridianen und Parallelkreisen, eine andere Eintheilung nach Längs- und Querschnitten angenommen habe. Denken wir uns die Netzhaut als Ebene, so stellt jeder, der vertikalen Trennungslinie parallel geführte Schnitt einen Längsschnitt, jeder, der horizontalen Trennungslinie parallele Schnitt einen Querschnitt dar.

Symmetrisch gelegene Längsschnitte der Doppelnetzhaut haben identische Tiefenwerthe, d. h. Reizung zweier symmetrisch gelegener Punkte der Doppelnetzhaut löst neben den bezüglichen Lichtempfindungen und Richtungsgefühlen ein und dasselbe Tiefengefühl aus und die bezüglichen Lichtqualitäten werden demnach zwar in verschiedenen Richtungen, aber in einer und derselben Tiefe, d. h. in einer und derselben Entfernung empfunden, gesehen.

Auf diesen den Lichtempfindungen beigegebenen
Tiefenwerthen oder Tiefengefühlen beruht das binoculare Tiefsehen, d. h. das primitive, lediglich durch die
Raumgefühle der Netzhaut bedingte Sehen nach der
sogenannten dritten Dimension.

Wenn wir, um die Sache übersichtlicher zu machen, den oben
als Kernpunkt bezeichneten Ort des subjectiven Raumes als Ausgangspunkt für die Bestimmung der scheinbaren Nähe oder Ferne
eines gleichzeitig gesehenen zweiten Punktes annehmen und demnach
seinen Tiefenwerth $= 0$ setzen, so können wir Allem, was näher erscheint als der Kernpunkt des Sehraumes, einen gewissen Nahwerth, allem ferner Erscheinenden einen gewissen Fernwerth
zuschreiben, welche Werthe sich wie $-$ und $+$ zueinander verhalten,
daher wir die Nahwerthe als negative Fernwerthe bezeichnen
können.

Nach dem Gesagten kommt den auf den beiden vertikalen Trennungslinien oder mittlern Längsschnitten gelegenen Punkten oder
Linien, weil sie symmetrisch liegen, ein und derselbe Tiefenwerth
$(= 0)$ zu, womit ausgesagt ist, dass sie sämmtlich in einer und derselben Entfernung, d. h. auf einer zur Blickebene senkrechten,
durch den Kernpunkt des Sehraumes gehenden Linie gesehen
werden.

Die Deckpunktpaare der beiden mittlen Längsschnitte sind nun
aber, wie gesagt, die einzigen Deckpunkte, welchen ein gleicher Tiefenwerth zukommt, weil sie zugleich symmetrische Punkte sind.
Gehen wir über zu zwei beliebigen andern, z. B. auf den rechten
Netzhauthälften gelegenen identischen Längsschnitten, so sind dieselben nicht zugleich symmetrische, sondern der eine Längsschnitt
liegt auf der linken Netzhaut um ebensoviel nach innen vom mittlen Längsschnitt, als der ihm identische auf der rechten Netzhaut
nach aussen liegt. Dem entsprechend kommen diesen beiden
identischen Längsschnitten, wie wir sehen werden, entgegengesetzte Tiefenwerthe zu, nämlich dem auf der innern Hälfte
der linken Netzhaut liegenden ein bestimmter, von seinem Abstand vom mittlen Längsschnitt abhängiger positiver
Tiefenwerth oder Fernwerth, dem auf der äussern Hälfte

der rechten Netzhaut und mit dem ersteren identisch liegenden ein **negativer Tiefenwerth oder Nahwerth von derselben Grösse zu**.

Fällt also auf diese beiden rechtseitigen Längsschnitte das Bild einer Linie, so erscheint dieselbe, da ihren beiden Bildern ein gemeinsamer Richtungswerth zukommt in der Sehrichtungsebene jenes Längsschnittpaares, und zwar könnte man nach den verschiedenen Tiefenwerthen der beiden Bilder erwarten, dass sie doppelt, in zwei hintereinander liegenden Bildern erschienen, deren eines um ebensoviel diesseits des Kernpunktes läge, als das andere jenseits, entsprechend ihrem entgegengesetzten Tiefenwerthe. Da aber die gleichzeitige Reizung identischer Stellen stets nur eine **einfache** Licht- und Raumempfindung auslöst, so muss sich der positive Tiefenwerth mit dem gleichgrossen negativen Tiefenwerthe, d. h. der Fernwerth des einen Bildes mit dem Nahwerth des andern zu dem Tiefenwerth 0 ausgleichen*), womit ausgedrückt ist, dass die Linie uns in gleicher Entfernung erscheinen wird, wie eine zu gleicher Zeit auf den beiden mittlen Längsschnitten abgebildete, nämlich auf einer im Kernpunkte des Schraumes senkrecht zur Blickebene stehenden Ebene.

Ganz allgemein lässt sich dies Verhältniss dahin bezeichnen, **dass alle auf Deckstellen abgebildeten Linien oder Punkte auf einer durch den scheinbaren Ort des Fixationspunktes gehenden, senkrecht zur Blickebene stehenden Ebene erscheinen, so fern alle andern Motive zur Localisirung nach der dritten Dimension ausgeschlossen sind und allein die rein primitiven Raumgefühle in Wirksamkeit treten.**

Diese Ebene, in der alles auf Deckstellen Gelegene gemäss der primitiven Raumgefühle der Netzhaut erscheint, soll die **Kernfläche des Schraumes** heissen.

Alle ausserhalb des Totalhoropters gelegenen Aussenpunkte bilden sich auf disparaten**) Netzhautpunkten ab. Wenn letztere cor-

---

*) Hierbei ist, wie überall im zunächst Folgenden, vorausgesetzt, dass die beiden Tiefenwerthe eines Deckstellenpaares **gleichen** Antheil an der Erzeugung des gemeinsamen Tiefenwerthes haben, d. h. dass nicht im Wettstreite der Netzhäute der eine Tiefenwerth vor dem andern im Vortheil ist (vergl. § 121 u. 122).

) Ich werde mit FECHNER **disparate Punkte zwei nicht correspondirende respondirenden Längsschnitten angehören, und also der Aussenpunkt im Längshoropter liegt, so erhalten die beiden disparaten Bilder, wie erwähnt, gleich grosse, aber entgegengesetzte Tiefenwerthe. Da nun beim gewöhnlichen Sehen die Doppelbilder nicht als solche zur Wahrnehmung kommen, vielmehr für einfach genommen werden, so bekommt ein solches einfach gesehenes Doppelbild einen mittlen Tiefenwerth, welcher also in diesem Falle gleich 0 ist, da die gleichgrossen aber entgegengesetzten Tiefenwerthe der beiden Einzelbilder sich aufheben.

Demnach erscheinen die Punkte des Längshoropters, sofern sie wie gewöhnlich einfach gesehen werden, ebenfalls auf der Kernfläche des Sehraumes.

Liegt aber der Aussenpunkt nicht im Längshoropter, so fallen seine beiden Bilder auch auf disparate Längsschnitte, welche entweder beide entsprechenden Hälften der Netzhäute angehören (einseitige Doppelbilder), oder aber auf entgegengesetzten Netzhauthälften liegen (doppelseitige Doppelbilder). In beiden Fällen bekommt ein solches einfach gesehenes Doppelbild einen Tiefenwerth, welcher in der Mitte liegt zwischen den beiden Tiefenwerthen seiner Einzelbilder, d. h. das arithmetische Mittel derselben ist. Demnach erscheint jeder ausserhalb des Längshoropters gelegene Punkt, wenn er wie gewöhnlich einfach gesehen wird, ausserhalb der Kernfläche des Sehraumes, diesseit oder jenseit derselben, je nachdem das arithmetische Mittel der beiden Tiefenwerthe seiner Einzelbilder positiv oder negativ ausfällt; und zwar entspricht die Grösse seines Abstandes von der Kernfläche der Grösse des arithmetischen Mittels der beiden Tiefenwerthe, welche Grösse wieder abhängig ist von der Verschiedenheit des Abstandes der beiden Einzelbilder vom mittlen Längsschnitte, d. h. also abhängig von der Grösse der Disparation der beiden, die Einzelbilder tragenden Längsschnitte.

Alles dies gilt nur unter der doppelten Voraussetzung, dass man die Doppelbilder nicht, wie dies der Geübte vermag, als doppelt unterscheide, d. h. in ihre Bestandtheile zersetze, und dass die Tie-

---

(identische) Punkte der Doppelnetzhaut, differente Punkte aber zwei verschiedene Punkte einer und derselben Netzhaut nennen.

fenwerthe der beiden Einzelbilder eines Doppelbildes nicht durch den Wettstreit der Netzhäute beeinträchtigt werden: zwei Störungen welche beim gewöhnlichen Sehen, oder sozusagen beim Sehen des gemeinen Mannes wegen der grossen Beweglichkeit der Augen nicht besonders hervortreten. Endlich wird noch im Obigen vorausgesetzt, dass nur die ursprünglichen Raumgefühle und nicht die erworbenen Motive des Tiefsehens die Localisation bestimmen.

Soviel zur allgemeinen Uebersicht. Was die experimentellen Belege und die weitere Ausführung betrifft, so findet man solche im Folgenden. Es wird sich hierbei zeigen, dass die hier entwickelten Sätze nicht eine vage Hypothese, sondern eine wohlbegründete Theorie ausmachen. d. h. eine aus einem einfachen Princip fliessende Entwicklung der allgemeinen Gesetze, welche das primitive, noch nicht durch Erfahrung etc. beeinflusste Raumsehen beherrschen. Drei Sätze sind es insbesondere, die den wesentlichen Inhalt dieser Theorie ausmachen.

1) **Auf Deckpunkte fallende gleiche oder verschiedene Lichtreize lösen stets nur eine einfache Lichtempfindung aus.**[*]
2) **Deckpunkte haben identische Sehrichtung.**
3) **Gegenpunkte (symmetrische Punkte) haben identische Sehtiefe.**

Wer den Ausdruck »Localzeichen« vorzieht, kann die beiden letzten Sätze so ausdrücken: Es besteht ein doppeltes System von Localzeichen, das eine ist gleichsinnig (congruent), das andere gegensinnig (symmetrisch) auf den Netzhäuten vertheilt; das eine bestimmt die Sehrichtung, das andere die Tiefe der Bilder; sogenannte identisch liegende Bildpunkte haben daher dieselbe scheinbare Richtung, symmetrisch liegende Bildpunkte dieselbe scheinbare Ferne relativ zum Ich.

Der eigentliche Kern der Theorie wird jedoch erst in § 124 zu Tage kommen.

---

[*] Dass wir in zahllosen Fällen mit identischen Netzhautparticen doppelt (hintereinander) s e h e n, trotzdem dass wir mit ihnen nur einfach e m p f i n d e n, habe ich schon früher wiederholt erörtert.

§ 118.

Alle in einem Partialhoropter gelegenen unbegrenzten Geraden und alle im Totalhoropter gelegenen Punkte erscheinen nothwendig einfach und zwar ursprünglich auf der Kernfläche des Sehraumes. *)

Wie in § 100 gezeigt ist, giebt es eine unendliche Zahl geradliniger Partialhoropteren, d. h. Flächen zweiten Grades, welche dadurch ausgezeichnet sind, dass jede auf ihnen gelegene gerade Linie sich auf identischen Netzhautschnitten abbildet. Hat nun eine solche Linie keinen sichtbaren Endpunkt, welcher als solcher ein Doppelbild geben kann, so muss die Linie dem Gesagten zufolge, wenn alle anderweiten Motive des Tiefsehens ausgeschlossen sind, einfach auf der Kernfläche des Sehraumes erscheinen. Da jeder Partialhoropter sich ansehen lässt als ein System gerader Linien, so folgt, dass es zahllose derartige Systeme von Linien im Aussenraume giebt, welche trotz ihrer ganz verschiedenen Lage doch sämmtlich auf der Kernfläche des Sehraumes erscheinen, sofern allein die ursprünglichen Raumgefühle wirksam sind.

Liniensysteme also, von der Form eines Cylinders, Kegels, einschaligen Hyperboloids etc., welche wieder im Ganzen sehr verschiedene relative Lage zur Blickebene haben können, erscheinen unter den erwähnten Umständen auf der Kernfläche als **ebene Sterne**, sei es dass der Mittelpunkt des Sternes, d. h. der scheinbare Kreuzungspunkt aller Linien, selbst sichtbar ist, sei es dass er zu excentrisch liegt, um sichtbar zu sein, sei es endlich, dass er unendlich fern liegt, d. h. dass sämmtliche Linien als Parallelen auf der Kernfläche erscheinen.

Letzterer Fall verdient noch besondere Berücksichtigung. Er tritt ein bei Linien, welche sich parallel einem Netzhautmeridiane abbilden, welche also auf einem Partialhoropter gelegen sind, der durch zwei entsprechende äquatorialaxige Ebenenbüschel erzeugt wird. Denn alle Ebenenbüschel, deren Axen in der Aequatorialebene des Auges liegen, durchschneiden die Netzhautebene in Linien,

---

*) Es wird hierbei und im ganzen folgenden § angenommen, dass die Tiefenwerthe zweier identischer Punkte gleichen Antheil an der Erzeugung des Tiefenwerthes haben, welchen ihr gemeinsames Bild zeigt.

welche sowohl einander, als einem Netzhautmeridiane parallel sind. Zu diesen besonderen Partialhoropteren gehören auch der Längs- und Querhoropter.

Wenn also eine gerade Linie ohne sichtbaren Endpunkt in einem Partialhoropter liegt, gleichviel wie sie sonst gelegen ist, so erscheint sie einfach in der Kernfläche des Sehraumes, d. h. bei symmetrischer Augenstellung in einer zur Medianlinie senkrechten Ebene.

a) Blickt man bei horizontaler Blickebene binocular durch eine Röhre (von wenigen Zollen Länge und einem die Augendistanz etwas übertreffenden Durchmesser) nach einer gleichfarbigen Wand, und lässt von einem Gehülfen einen feinen geraden Draht in der Medianebene nahe vor die Röhrenöffnung halten, fixirt fest die markirte Mitte des Drahtes und lässt denselben solange innerhalb der Medianebene um seine Mitte drehen, bis er senkrecht erscheint; so zeigt sich, dass seine wirkliche Richtung stets sehr annähernd der Richtung des Längshoropters folgt, d. h. trotzdem dass der Draht uns senkrecht zur Blickebene zu stehen scheint, ist er vielleicht sehr stark zur Blickebene geneigt, um so mehr, je stärker wir den Kopf bei dem Versuche vor- oder zurückgebeugt haben. Ersterenfalls wird der Draht mit dem untern, letzternfalls mit dem obern Ende dem Gesichte näher sein müssen, sofern er vertikal erscheinen soll. Man darf jedoch nicht erwarten, dass die Lage des Drahtes immer ganz genau mit der berechneten stimmen soll; denn selbst beim feinsten Drahte kommt noch die Perspective und mancherlei Erfahrung über derartige Täuschungen in Betracht. Ich lege deshalb nur auf die Art und relative Grösse, nicht auf das absolute Maass der Fehler Gewicht.

Der beschriebene Versuch erklärt mancherlei häufig vorkommende Täuschungen. Stellt man Jemand die Aufgabe, mit aufrechtem, vor- oder stark zurückgebeugtem Kopfe und horizontaler Blickebene eine sehr nahe vor's Gesicht gehaltene feine, in ihrer markirten Mitte fixirte Stricknadel vertikal zu stellen, so wird er sie in den meisten Fällen schief stellen, und der Fehler wird stets der Lage des Längshoropters (hier insbesondere auch der Geraden des Totalhoropters) annähernd entsprechen.

Natürlich gehört zu allen solchen Versuchen, dass man nicht lange reflectire; denn oft findet man schliesslich noch irgendwelchen Anhalt, um seinen Irrthum zu erkennen und, dem unbefangenen sinnlichen Eindruck zuwider, zu corrigiren.

b) Bringt man eine Reihe feiner Fäden oder Drähte in einer halben Cylinderfläche an, stellt sie ungefähr senkrecht zur Blickebene, mit der Concavität nach dem Gesichte, fixirt den mittlen in der Medianebene und im Längshoropter liegenden Draht und nähert dann das System den Augen, so wird die Cylinderfläche scheinbar flacher und flacher, bis sie endlich zur Ebene wird, wenn das ganze System im Längshoropter liegt. Natürlich gelingt der Versuch nur dann gut, wenn der Längshoropter eben ein Cylinder und nicht ein Kegel ist. Man ersieht dies daraus, dass die Fäden parallel erscheinen, und kann die richtige Lage der Blickebene leicht durch Probiren finden.

Man kann zu diesem Versuche gewissermassen die Gegenprobe machen. Erscheint nämlich für convergente Augen ein System paralleler Fäden nur dann als ein ebenes System paralleler Vertikallinien, wenn es in Wirklichkeit im cylindrischen Längshoropter liegt, so kann ein ebenes oder schwächer als der Längshoropter gekrümmtes Liniensystem nie eben erscheinen, wenn man es in der Nähe betrachtet. Man bringe deshalb eine Reihe paralleler Fäden in einer Ebene an, stelle diese Ebene senkrecht zur Medianebene, und so, dass ein Faden in letzterer und im Längshoropter liegt, und fixire diesen Faden, so wird man, falls der Längshoropter eben ein Cylinder ist, die Fäden in Form einer Cylinderfläche angeordnet sehen, welche dem Gesichte die Convexität zukehrt. Diese Convexität ist um so stärker, je näher das Liniensystem dem Gesichte liegt. Natürlich sind alle diese Täuschungen beim Kurzsichtigen am eclatantesten, weil die Krümmung des Längshoropters mit der Nähe des Fixationspunktes wächst.

Ich habe übrigens bemerkt, dass die Fläche eines genau im Längshoropter liegenden Liniensystems immer noch eine kleine Krümmung zeigt, die freilich gar nicht zu vergleichen ist mit ihrer wirklichen, viel stärkeren, sodass das Wesen des Versuchs hierdurch nicht alterirt wird. Ueber die wahrscheinlichen Ursachen dieser Entscheidung später.

Helmholtz giebt an, drei in einer ganz schwach gekrümmten Cylinderfläche stehende Nadeln würden dann am sichersten als nicht in einer Ebene liegend gesehen, wenn die Krümmung der Cylinderfläche der Richtung des Horopterkreises folge, d. h. also, wenn die drei Nadeln im Längshoropter liegen. Indess überzeugt man sich bei genauerem Studium dieses schon früher vielfach zur Feststellung des Horopters benutzten Versuches sehr leicht, dass man die Krümmung der Cylinderfläche bis zu einer gewissen natürlichen Grenze um so besser erkennt, je weiter die beiden seitlichen Nadeln ausserhalb, d. h. hier diesseit des Längshoropters liegen. Wie gesagt, erscheinen die im Längshoropter selbst liegenden Linien ziemlich genau als in einer Ebene liegend, d. h. also, man verkennt hierbei ihre wirkliche Lage. Entfernt man nun ein solches cylindrisches Liniensystem (unter fortwährender Fixation der mittleren Linie) mehr und mehr vom Gesichte, so wird die Krümmung des Längshoropters immer flacher, während die Krümmung des Nadelsystems dieselbe bleibt. Die seitlichen Nadeln kommen also diesseits des Längshoropters zu liegen, und rücken um so mehr von letzterem ab, je weiter der Fixationspunkt und damit das ganze System entfernt wird. Dem entsprechend erscheint die Krümmung des Liniensystems immer schroffer bis zu einer gewissen gesetzlichen Grenze der Entfernung. Es gilt also im Wesentlichen das Gegentheil von dem, was HELMHOLTZ über diesen Versuch angegeben hat.

HELMHOLTZ ist es andererseits nicht entgangen, dass bei diesem Versuche »eine eigenthümliche Gesichtstäuschung« eintreten kann; aber er scheint sich keine Rechenschaft von deren Ursache gegeben zu haben. Er sagt: »Es ist bei diesen Versuchen rathsam, die äussern Nadeln nicht zu weit von der mittleren zu entfernen, sonst tritt eine eigenthümliche Gesichtstäuschung ein, welche zu Irrthümern verleiten kann; man hält nämlich dann einen Bogen, dessen Krümmung etwa der des Horopterkreises entspricht, für eine gerade Linie; eine gerade Linie dagegen für convex gegen den Beobachter, einen convexen Bogen derart für convexer als er ist. Doch wird durch diese Gesichtstäuschung die Unterscheidbarkeit der concaven und convexen Seite des Bogens der drei Nadeln, worauf es in dem beschriebenen Versuche ankommt, nicht beeinträchtigt.« Dies ist also richtig bis auf die letzte Bemerkung; denn man kann die Täuschung leicht so weit treiben, dass ein schwach concaver Bogen convex erscheint, wodurch dann die Ansicht von HELMHOLTZ schlagend widerlegt wird. Die Erklärung aller dieser Erscheinungen liegt darin, dass die wirklich im Längshoropter gelegenen Geraden in der Kernfläche des Sehraumes, d. h. ziemlich genau in einer Ebene, alle jenseit des Längshoropters gelegenen aber jenseit, alle diesseit gelegenen diesseit der Kernfläche erscheinen. Wenn nun der Längshoropter ein Cylinder ist, während doch die Kernfläche eine Ebene ist, so erklärt sich die Disharmonie zwischen Sein und Schein (vergl. § 119 u. 120).

c) Bei stark nach oben oder unten geneigter Blickebene ist, wie ich zeigte, der Längshoropter ein Kegel. Auch dies lässt sich empirisch nachweisen. Blickt man mit stark vor- oder rückwärts geneigtem Kopfe und horizontaler Blickebene durch die oben erwähnte Röhre und lässt zunächst in beschriebener Weise einem in der Medianebene befindlichen Drahte die scheinbar vertikale Stellung geben, fixirt dann fest diesen Draht und lässt einem zweiten, indirect gesehenen geraden Draht ebenfalls eine scheinbar vertikale Stellung und dieselbe scheinbare Entfernung geben, welche der fixirte Draht zeigt: so ergiebt sich, dass der zweite Draht dem ersten weder parallel ist, noch mit ihm in derselben Ferne liegt. Vielmehr convergiren beide bei vorwärts geneigtem Kopfe nach unten, bei rückwärts geneigtem nach oben, und in beiden Fällen liegt der indirect gesehene Draht dem Gesichte merklich näher, wenn irgend die Convergenz der Gesichtslinien erheblich ist. Lässt man in der beschriebenen Weise mehrere indirect gesehene Drähte anbringen, so sieht man deutlich, dass sie eine Kegelfläche einnehmen, während sie doch sämmtlich parallel in einer und derselben, zur Blickebene vertikalen Ebene, d. h. in der Kernfläche erscheinen.

Ich habe hier aus der unendlichen Zahl der Partialhoropteren den Längshoropter zur näheren Untersuchung herausgegriffen. Wir würden auch jeden anderen Partialhoropter benutzen können; nur ist die Lage des Längshoropters besonders leicht zu übersehen, und hat derselbe ausserdem noch besondere praktische Bedeutung.

Ein anderer Partialhoropter, mit dem sich leicht arbeiten lässt, ist der Meridianhoropter. Es freut mich, hier anführen zu können, dass v. RECKLINGHAUSEN *) diesen Partialhoropter schon in ganz analoger Weise untersucht hat, wie ich dies oben mit dem Längshoropter gethan habe, und dass dieser treffliche Beobachter genau zu denselben Resultaten gekommen ist. Er wies nach, dass, bei symmetrischer Augenstellung, durch den Fixationspunkt gehende gerade Linien uns nur dann als in einer zur Medianlinie senkrechten Ebene (d. i. also die Kernfläche) zu liegen scheinen, wenn sie in Wirklichkeit im Meridianhoropter liegen, und dass daher, wenn letzterer ein Kegel ist, eine Anzahl sich im Fixationspunkte kreuzender Linien uns als ein ebener Stern erscheinen, wenn sie in dieser Kegelfläche liegen.

<small>v. RECKLINGHAUSEN knüpft jedoch mancherlei unrichtige Betrachtungen an seine richtigen Beobachtungen. Er meint, der Meridianhoropter erlange hierdurch eine ganz besondere Bedeutung, während es doch zahllose Flächen giebt, welche genau die analoge Bedeutung haben. v. RECKLINGHAUSEN nannte den Meridianhoropter »Normalfläche« und gab an: »wir verlegen die Punkte dieser Fläche im Raume</small>

<small>*) Archiv f. Ophthalmol. Bd. V. Abth. II. S. 125.</small>

diesseits oder jenseits derselben, entsprechend der Grösse ihres Abstandes von derselben.« Hierbei würde also die »Normalfläche« eine doppelte Rolle spielen, einmal im objectiven, wirklichen Raume, zweitens im subjectiven oder Sehraume. Hat nun v. RECKLINGHAUSEN, wie ich glaube, gemeint, dass die objective Normalfläche (d. i. der Meridianhoropter) verschiedene Gestalten annehmen könne, während doch die subjective Normalfläche (d. i. die Kernfläche) immer eine Ebene sei, und dass die ausserhalb des Meridianhoropters gelegenen Punkte im Sehraume ähnliche räumliche Relationen zur Kernfläche zeigen, wie im wirklichen Raume zum Meridianhoropter, so wäre damit mancherlei Richtiges gesagt. Aber wirklich zutreffend, und allgemein gültig ist diese Behauptung keineswegs, wie aus dem Folgenden zur Genüge hervorgehen wird. Jeder andere Partialhoropter könnte mit demselben Rechte Normalfläche genannt werden. Diejenige Bedeutung aber für das Tiefsehen, welche, wie mir scheint, v. RECKLINGHAUSEN dem Meridianhoropter zuschreiben möchte, kommt einzig und allein dem Längshoropter zu, wie im folgenden § gezeigt werden soll. Ueberdies hat die doppelte unrichtige Annahme, dass die Richtungslinien die Sehrichtungen seien, und dass das stereoskopische Sehen sich aus Veränderungen der Convergenz der Sehaxen erkläre, viele Widersprüche in die sonst so treffliche Arbeit v. RECKLINGHAUSEN's gebracht.

Wenn man auf beiden Netzhäuten identische Curven zieht und jede von zwei solchen identischen Curven als Leitlinien eines Kegels ansieht, dessen Mittelpunkt (Spitze) im Kreuzungspunkte der Richtungslinien liegt, so ergiebt sich als Durchschnittslinie dieser beiden Kegel eine Curve im Raume, die sich identisch abbildet und daher einfach gesehen wird, als eine ebene Curve auf der Kernfläche des Schraumes. Aus einer Sehaar solcher Curven im Raume ergeben sich dann gekrümmte Flächen, welche dadurch ausgezeichnet sind, dass jede auf ihnen gelegene Curve aus der Sehaar der die Fläche erzeugenden einfach und als eine ebene Curve in der Kernfläche ersehen wird, sofern sie keine sichtbaren Endpunkte hat, also entweder in sich geschlossen ist oder über den sichtbaren Raum hinausgeht. Eine solche Fläche würde z. B. die von HELMHOLTZ als Circularhoropter bezeichnete Fläche vierten Grades sein (s. § 106.), wenn es, wie man zeither annahm, und für meine Augen sehr nahezu richtig ist, identische Parallelkreise giebt.*) Man sieht also, dass Linien von der

---

*) Nach den neuerdings von HELMHOLTZ gemachten Annahmen über die Lage der identischen Stellen würde an Stelle des Systemes von Parallelkreisen ein System sphärischer Kegelschnitte treten, und diese beiden Systeme des Doppelauges würden ebenfalls unter sich projectivisch sein, sodass wir mit ihrer Hülfe

allerverschiedensten Gestalt und Lage im Raume streng einfach gesehen werden können, und dass für gerade und krumme Linien die Horopteren unendlich zahlreich sind. Ganz anders verhält es sich mit Punkten.

Eine analoge Rolle wie die Linien eines Partialhoropters spielen die Punkte des Totalhoropters. Sie erscheinen sämmtlich einfach auf der Kernfläche des Schraumes. Im Allgemeinen ist der Totalhoropter, wie gezeigt wurde, linear. Könnte man also in der Horopterlinie eine Reihe feiner Punkte anbringen, so würde uns eine solche Punktreihe im Allgemeinen als ein ebener Kegelschnitt erscheinen, an dessen Stelle bei symmetrischen Augenstellungen zwei gerade, sich schneidende Linien treten würden.

Dass bei symmetrischer Augenstellung eine fixirte, in der Medianebene gelegene Gerade uns bei Ausschluss anderweiter Motive in der Kernfläche des Schraumes, d. h. also senkrecht zur Blickebene erscheint, wenn sie im Totalhoropter liegt, gleichviel ob sie in Wirklichkeit zur Blickebene so oder so geneigt ist, wurde schon im Versuche *a*. erläutert.

d) Bringt man bei Augenstellungen ohne Raddrehung in die Blickebene und zwar in den MÜLLER'schen Horopterkreis auf feinen Drähten steckende Kügelchen, so scheinen diese, wenn man eines fixirt, annähernd in einer geraden Linie zu liegen. Ordnet man sie aber von vornherein auf einer geraden, dem Gesicht parallelen Linie an, so scheinen sie bei starker Convergenz der Gesichtslinien einen nach dem Gesichte convexen Bogen zu bilden. Man kann auch auf einen feinen schwarzen Draht weisse Kügelchen reihen und durch Krümmen des Drahtes ganz die analogen Versuche ermöglichen, wie sie unter *b*. für den Längshoropter beschrieben wurden.

Liegen die Gesichtslinien symmetrisch parallel, so ist der Totalhoropter dann eine Ebene, wenn die correspondirenden Richtungslinien nicht congruent, sondern nur projectivisch angeordnet sind (wie dies HELMHOLTZ annimmt) und wenn zugleich die horizontalen Trennungslinien in der Blickebene liegen (siehe S. 246). Letzteres ist jedoch bei mir (s. § 128.) und bei den vier Personen, welche später VOLKMANN darauf untersuchte, nicht der Fall, wenigstens nicht bei

---

zwei projectivische Kegelbüschel construiren könnten, die eine dem »Circularhoropter« analoge Fläche erzeugen würden.

aufrechtem Kopfe und horizontaler Blickebene. HELMHOLTZ sagt jedoch, dass es für seine Augen zutreffe, und nimmt ohne Beweis dieses Verhalten für allgemein gültig an, obwohl dieser Annahme meine und VOLKMANN's Beobachtungen entgegenstehen.

Wie dem auch sei, sofern der Totalhoropter eine Ebene ist, werden alle in ihm gelegenen Linien und Punkte, bei Ausschluss der erworbenen Motive der Localisation, auf der zur Blickebene senkrechten Kernfläche erscheinen. Fiele nun, wie HELMHOLTZ für seine Augen annimmt, die Ebene des Totalhoropters bei der erwähnten Augenstellung mit der Fussbodenfläche zusammen, so würde uns der gesammte Fussboden als eine zur Blickebene senkrechte Ebene erscheinen müssen, wenn dies nicht durch die erworbenen Motive des Tiefsehens verhindert würde. Die entgegenstehende Ansicht von HELMHOLTZ wird unten widerlegt werden. Uebrigens ist HELMHOLTZ bis jetzt der Einzige, dessen Totalhoropter bei parallel und horizontal geradausgestellten Augen mit der Fussbodenfläche zusammen fällt. Für mich ist es nicht entfernt der Fall; für VOLKMANN und die drei von ihm untersuchten Herren auch nicht.

Bei allem in diesem § Erörterten ist nun aber Folgendes wohl zu bedenken: Alles, was gemäss den ursprünglichen Raumwerthen der Netzhautbilder auf der Kernfläche des Schraumes zu erscheinen hat, verfällt noch ausserdem den zahllosen Motiven des erworbenen Tiefsehens, d. h. gerade so, wie wir eine Landschaft, ein Zimmer etc. in eindringlicher Weise auch mit nur einem Auge nach der Dimension der Tiefe ausgearbeitet sehen, gerade so kann das beim Binocularsehen ursprünglich auf die Kernfläche des Schraumes Angewiesene in der allerverschiedensten Weise nach der Dimension der Tiefe ausgebreitet werden. Der gesammte bildliche Inhalt der Kernfläche des Schraumes, welche ursprünglich eine (zur Blickebene verticale) Ebene ist, kann unter dem Einflusse der Motive des erworbenen Tiefsehens der allerverschiedensten Auslegung nach der Dimension der Tiefe unterliegen. Daher die Kernfläche des gewöhnlichen Sehens meist keine Ebene, sondern eine Fläche von verwickelter Gestalt ist.

§ 119.

Alle im Längshoropter gelegenen Punkte erscheinen ursprünglich einfach in der Kernfläche des Sehraumes.

Jeder Punkt des Längshoropters giebt, wenn er nicht zugleich im Totalhoropter liegt, ein Doppelbild, welches auf correspondirenden Längsschnitten, aber auf disparaten Querschnitten liegt. Seinen beiden Bildern kommen also verschiedene, aber in einer und derselben Längsebene des Sehraumes gelegene Sehrichtungen und gleichgrosse aber entgegengesetzte Tiefenwerthe zu. Wird nun, wie beim gewöhnlichen Sehen geschieht, das Doppelbild nicht in seine beiden Einzelbilder, die ich Trugbilder nenne, aufgelöst, sondern ersehcint es nur als ein Bild, so erhält es eine Sehrichtung, welehe in der Mitte liegt zwischen den Sehrichtungen seiner beiden Einzelbilder, und einen mittlen Tiefenwerth, welcher hier gleich 0 sein muss, da gleichgrosse aber entgegengesetzte Tiefenwerthe sich aufheben müssen. Hierbei wird natürlich vorausgesetzt, dass beide Bilder mit ihrem vollen Tiefenwerth zur Geltung kommen und nicht durch den Wettstreit der Netzhäute hierin beeinträchtigt werden (vergl. § 122).

Demnach erhalten die unaufgelösten Doppelbilder aller dem Längshoropter angehörigen Punkte den Tiefenwerth 0, d. h. sie werden in gleicher Entfernung, wie die Bilder der Netzhautmitten, nämlich auf der Kernfläche des Sehraumes gesehen. **Es lässt sich also der Längshoropter auch definiren als der Ort derjenigen Einzelpunkte, welche ursprünglich in gleicher Tiefe wie der fixirte Punkt gesehen werden.**

Ich habe hier nicht nöthig, diesen Satz experimentell zu beweisen. Aus den sogenannten stereoskopischen Versuchen z. B. ist zur Genüge bekannt, dass »übereinander liegende« Doppelbilder, wenn sie »stereoskopisch verschmolzen« werden, nicht aus der Ebene des Papieres heraustreten, d. h. also in derselben Tiefe wie der Kernpunkt des Schraumes erscheinen.

Eine weitverbreitete, besonders von VOLKMANN vertretene Annahme ist, dass übereinander liegende Doppelbilder leichter als doppelt unterschieden oder, wie VOLKMANN sagt, schwerer »verschmolzen« würden, als schräg oder gar horizontal nebeneinander gelegene. Ich kann dieser Ansicht nicht beipflichten. Auch hat nie Jemand einen Beweis für dieselbe beigebracht. Denn die zahlreichen Messungen Volkmann's und ähnliche Untersuchungen Anderer beweisen nur, dass es schwer ist, fest zu fixiren. Die Messungen würden nur beweisend sein, wenn sie bei Momentanbeleuchtung gemacht wären. Man hat eigentlich mehr die Mangelhaftigkeit der Fixation, als die »Verschmelzungsfähigkeit« der Doppelbilder unter verschiedenen Umständen gemessen.

§ 120.

Alle ausserhalb des Längshoropters gelegenen Punkte und alle ausserhalb der Partialhoropteren gelegenen unbegrenzten Geraden erscheinen ausserhalb der Kernfläche des Sehraumes.

Alle nicht im Längshoropter gelegenen Punkte geben Doppelbilder, welche auf mehr oder weniger disparaten Längsschnitten liegen, also stets Tiefenwerthe haben, deren Mittelwerth nicht gleich 0 sein kann. Am ausgesprochensten ist dies Verhalten bei den im Querhoropter gelegenen Punkten, da dieser Partialhoropter gewissermassen der Gegensatz des Längshoropters ist. Alle Punkte des Querhoropters geben, wenn sie nicht zugleich dem Totalhoropter angehören, Bilder, welche auf correspondirenden Querschnitten, aber disparaten Längsschnitten liegen, so dass sie nie gleichgrosse und zugleich entgegengesetzte Tiefenwerthe haben können. Wird also, wie beim gewöhnlichen Sehen die Regel ist, ein solches Doppelbild nicht in seine zwei Einzelbilder aufgelöst, so erhält es eine Sehrichtung, welche die Mitte hält zwischen den beiden Sehrichtungen seiner Einzelbilder, und einem mittlen Tiefenwerth, der stets eine gewisse positive oder negative Grösse haben muss; daher denn das Doppelbild jenseit oder diesseit der Kernfläche erscheinen und um so mehr von letzterer abstehen wird, je grösser sein mittler Tiefenwerth ist.

Ich setze voraus, die mittlen Querschnitte lägen in der Blickebene, und beginne mit den Punkten des Querhoropters, welche in dem, von beiden Gesichtslinien eingeschlossenen Theile der Blickebene liegen. Jeder solche Punkt giebt ein doppelseitiges, d. h. auf symmetrischen Hälften der Netzhäute gelegenes Doppelbild, welches z. B. ein gekreuztes, den äussern Netzhauthälften angehöriges ist, wenn der Objectpunkt näher liegt als der Schnittpunkt der Gesichtslinien. Da nun den äussern Netzhauthälften die negativen Tiefenwerthe oder Nahwerthe zukommen, so folgt, dass ein auf diesen Netzhauthälften liegendes Doppelbild näher erscheinen muss, als der Fixationspunkt, d. h. also diesseit der Kernfläche und um so mehr von ihr abstehend, je excentrischer die Lage der Einzelbilder auf der Doppelnetzhaut ist. Liegt der Objectpunkt in der Medianlinie, so bildet er sich auf symmetrischen Netzhautpunkten ab, seine beiden Bilder haben also gleichgrossen Nahwerth; liegt er ausserhalb der Medianlinie, so sind seine beiden Nahwerthe nicht gleichgross. Im ersten Falle bekommt das einfach gesehene Doppelbild denselben Tiefenwerth, den jedes seiner Einzelbilder hat; denn da die Tiefenwerthe der letzteren gleiche Grösse und gleiches Vorzeichen haben, so ist ihr Mittelwerth (das arithmetische Mittel) gleich jedem der beiden Einzelwerthe. Im anderen Falle dagegen resultirt ein Mittelwerth, welcher grösser ist als der Tiefenwerth des einen, kleiner als der des andern Einzelbildes. In beiden Fällen aber ist, wie man sieht, der (mittle) Tiefenwerth des einfachgesehenen Doppelbildes abhängig von der Disparation der Lage der Einzelbilder, ein Satz, der schon früher aus den stereoskopischen Versuchen abgeleitet worden ist. Objectpunkte, welche jenseit des Fixationspunktes liegen, verhalten sich selbstverständlich in Betreff ihres Tiefenwerthes entgegengesetzt den diesseit liegenden.

Die Punkte der Blickebene, welche ausserhalb des von den Gesichtslinien eingeschlossenen Theiles liegen, geben einseitige, d. h. correspondirenden Netzhauthälften angehörige Doppelbilder. Die beiden Einzelbilder eines solchen Doppelbildes haben also entgegengesetzte Tiefenwerthe von ungleicher Grösse. Wird, wie gewöhnlich, das Doppelbild einfach gesehen, so erhält es einen mittlen Tiefenwerth, d. h. es erscheint an einem Orte, welcher die Mitte hält zwischen den beiden Orten, an welchen der Theorie nach die beiden Einzelbilder zu erscheinen hätten, wenn sie gesondert gesehen werden könnten. Da nun für ungekreuzte einseitige Doppelbilder stets der Fernwerth des einen Bildes den Nahwerth des andern an Grösse übertrifft, während das Verhältniss für gekreuzte einseitige Doppelbilder das umgekehrte ist, so folgt, dass erstere stets jenseit, letztere diesseit der Kernfläche erscheinen müssen, und dass die Grösse ihres Abstandes von der Kernfläche wächst mit der Grössenverschiedenheit der Tiefenwerthe der Einzelbilder, d. h. mit der

Grösse ihrer Disparation, ein Satz, der ebenfalls durch die stereoskopischen Versuche längst empirisch festgestellt ist.

a. Folgender Versuch ist sehr geeignet, das bis hierher in diesem § Erörterte summarisch zu veranschaulichen und zu beweisen: Man fixire den Kopf einer nahen feststehenden Nadel und lasse einen zweiten Nadelkopf in gleicher Höhe mit dem ersten parallel der Verbindungslinie beider Augenmittelpunkte diesseit oder jenseit des Fixationspunktes vorbei bewegen. Beschreibt der Nadelkopf hierbei genau eine gerade Bahn, welche nahe an dem fixirten Nadelkopf vorbeistreicht, so scheint er eine krumme, nach dem Gesichte hin convexe Bahn zu beschreiben. Lässt man aber den Nadelkopf eine Kreislinie beschreiben, welche für einen etwas ferneren oder näheren Fixationspunkt (als der gewählte ist) Totalhoropter sein würde, so scheint der Nadelkopf eine gerade, der Kernfläche parallele Bahn zu durchlaufen. Diesenfalls behalten nämlich seine beiden Netzhautbilder während der ganzen Bewegung dieselbe Grösse der Disparation bei, und demnach bleibt das arithmetische Mittel ihrer beiden Tiefenwerthe immer dasselbe.

Punkte, welche irgend einem andern geradlinigen Partialhoropter angehören und nicht zugleich im Totalhoropter gelegen sind, verhalten sich nun bald ähnlicher denen des Längshoropters, bald mehr wie die des Querhoropters, aber sie bilden sich nie auf identischen Längsschnitten oder Querschnitten ab. Für die primitive Tiefenwahrnehmung ist jedoch nur die Disparation der Längsschnitte wesentlich, auf welchen die beiden Bilder des Objectpunktes liegen; denn je nach der Grösse dieser Disparation werden die einfach erscheinenden Doppelbilder mehr, oder minder diesseit oder jenseit der Kernfläche gesehen.

Alles Vorstehende handelt streng genommen nur von Punkten. Es sind nun noch die Linien in Betreff des Tiefsehens zu untersuchen.

Ich hatte gezeigt, dass alle in einem Partialhoropter gelegenen Geraden ohne sichtbares Ende sich identisch abbilden, dass somit ihre entgegengesetzten Tiefenwerthe sich zu Null ausgleichen und sie darum einfach in der Kernfläche des Sehraumes erscheinen. Anders schon verhalten sich solche in einem Partialhoropter gelegene Gerade, welche deutlich sichtbare Endpunkte haben. Sie können ausserhalb der Kernfläche erscheinen, weil von ihren Endpunkten alles das gilt, was wir oben von den Punkten überhaupt gesagt haben. Eine, in einem Partialhoropter liegende Gerade mit sichtbaren markirten Endpunkten verhält sich demnach unter sonst günstigen Umständen nicht anders wie zwei Punkte, welche nicht durch eine Linie verbunden sind. Giebt z. B. ihr einer Endpunkt gekreuzte, der andere ungekreuzte Doppelbilder, so wird der erstere vor, der andere hinter der Kernfläche erscheinen und die ihrem grösseren Theile nach identisch abgebildete Linie wird die Kernfläche unter einem entsprechenden Winkel zu durchschneiden scheinen.

b. Bietet man z. B. unter dem Stereoskop dem rechten Auge zwei durch einen kurzen Horizontalstrich verbundene Punkte, dem linken zwei dergl. von etwas grösserer Distanz und fixirt die scheinbare Mitte des unter diesen Umständen einfach erscheinenden Striches, so sieht man das rechte Ende des letzteren näher, das linke ferner.

Nur die im Längshoropter gelegenen Geraden mit sichtbar markirten Endpunkten machen von der hier aufgestellten Regel selbstverständlich eine Ausnahme.

Es wären schliesslich noch die ausserhalb eines Partialhoropters gelegenen unbegrenzten Geraden zu betrachten. Sie erscheinen, da sie sich nie identisch abbilden können, stets ausserhalb der Kernfläche des Sehraumes, es sei denn, dass ihre beiden Bilder auf nah benachbarte Querschnitte der Netzhäute fallen. Letzterenfalls nehmlich werden sie, vorausgesetzt dass sie einfach erscheinen, in der Kernfläche selbst gesehen.

Ich gehe hier nicht aufs Einzelne ein; es wird Niemanden schwer fallen, nach Analogie der über die Doppelbilder der Punkte aufgestellten Regeln, sich die scheinbare Lage eines unbegrenzten Liniendoppelbildes selbst abzuleiten. Die bekannten stereoskopischen Versuche mit Linien werden ihm dann zeigen, dass der Versuch die Theorie durchgängig bestätigt.

§ 121.
Vom complementären Antheil der Netzhäute am Sehraum.

Bietet man dem einen Auge ein schwarzes Quadrat auf weissem Grunde, dem andern ein weisses Quadrat auf schwarzem Grunde, und bringt die Quadrate durch Schielen oder unter dem Stereoskop zur Deckung, so zeigen sowohl die Quadrate als der Grund den Wettstreit der Netzhäute. Dies beweist, dass Schwarz eine Empfindung ist, die durchaus in Analogie gebracht werden muss mit den übrigen Farbenempfindungen, also auch mit Weiss. Denn hätten nicht beide Farben, Schwarz sowohl als Weiss, gleichen Anspruch auf Geltung im Sehraume und gleiche Kraft, sich geltend zu machen, so könnte nicht abwechselnd eines das andere besiegen. Brechen wir ein weisses Blatt Papier in der Mittellinie rechtwinklig um und halten es so gegen das Licht, dass nur die eine Hälfte volle Beleuchtung erhält, während die andere beschattet ist, bringen sodann durch Schielen beide Hälften zur scheinbaren Deckung, so tritt ein Wettstreit zwischen dem helleren und dem dunkleren Weiss ein. Machen wir nun allmählich den Knickungswinkel immer stumpfer, so wird die Energie des Wettstreites scheinbar immer geringer, je geringer die Helligkeitsdifferenz beider Papierhälften wird, und schliesslich hört der Wettstreit scheinbar auf. Aber es wäre ungerechtfertigt, anzunehmen, dass er wirklich aufhört.

Exacter wird der letztere Versuch, wenn man z. B. zwei weisse Quadrate unter dem Stereoskop verschmilzt und durch Regulirung der Beleuchtung eine nach und nach abnehmende Beschattung des einen Quadrates erzeugt.

Wir sehen also, dass der Wettstreit der Netzhäute auch bei nah verwandten Lichtqualitäten (oder benachbarten »Intensitätsgraden«) bestehen bleibt, wenngleich er selbstverständlich nicht so sehr in die Augen springt: warum soll er plötzlich aufhören, wenn die beiden Farben gleich werden? Alles weist vielmehr darauf hin, dass auch gleiche Farben dem Wettstreite unterliegen. Bieten wir beiden Augen Weiss, so siegt vielleicht bald das Weiss der einen, bald das der andern Netzhaut; im Uebergange zwischen diesen beiden Hauptphasen des Wettstreites mischt sich ein Theil des Weiss der einen Netzhaut mit einem Theile des Weiss der andern, und zwar ist das Verhältniss des beiderseitigen Antheiles derart, dass, wie die Erfahrung beweist, das im Sehraume erscheinende Weiss immer so ziemlich dasselbe bleibt. Wir würden auf diese Weise sozusagen ein gemischtes Weiss sehen, das sich natürlich in Nichts von dem einfachen Weiss unterscheiden könnte, welches wir sehen, wenn eben das Weiss der einen Netzhaut im Sehraume zur ausschliesslichen Geltung kommt.

Die beiden Erregungen eines Deckstellenpaares summiren sich also nicht, sondern kämpfen miteinander im gemeinsamen Sehraume, und die Folge ist derart, dass, wenn wir die resultirende Empfindung gleich 1 setzen, beide Netzhäute stets ungefähr complementären Antheil an der Erzeugung dieser Empfindung haben, d. h. giebt die eine $^3/_4$ dazu, so giebt die andere $^1/_4$, giebt die eine $^1/_2$, so giebt die andere auch $^1/_2$, giebt die eine 1, so giebt die andere 0. Vielleicht dürfen wir annehmen, dass, wenn beide Netzhäute in absolut glei- cher Weise gereizt werden könnten, dann auch beide gleichen Antheil (d. h. je $^1/_2$) am gemeinsamen Sehraume haben würden.

Unter das Gesetz des complementären Antheils der Netzhäute am Sehraume fallen mancherlei interessante Erscheinungen, die paradox erscheinen, so lange man das gemeinsame Sehfeld irriger Weise als eine rein physikalische Resultante der beiderseitigen Netzhautreizung auffasst.

a. Eine weisse Fläche erscheint nicht heller, wenn man sie mit beiden Augen, als wenn man sie mit nur einem Auge betrachtet. Wird nehmlich das eine Auge geschlossen, so tritt es sozusagen ganz vom Kampfplatze ab, und überlässt dem andern Auge allein das Terrain. Daher verhält sich in diesem Falle der Antheil des offenen Auges an der Empfindung zu dem des geschlossenen wie 1 zu 0. Oeffnet man auch das andere Auge, so tritt es wieder in sein Recht; aber da die Antheile complementäre sind, so kann die Empfindung nach wie vor nur gleich 1 sein.

Ganz richtig ist übrigens diese Angabe insofern nicht, als unter günstigen Umständen auch das Eigenschwarz des geschlossenen Auges mit in den Wettstreit eingeht. Freilich kann es solange nicht zur Geltung kommen, als die Netzhaut des offenen Auges durch Contouren, überhaupt durch Unterscheidbares gereizt wird, während die Erregung im geschlossenen Auge unterschiedslos über die ganze Netzhaut vertheilt ist; denn die Contouren verhelfen stets der umliegenden Farbe zum Siege im gemeinsamen Sehraume. Hält man aber z. B. einen grossen glatten Bogen weissen Papiers so nahe vor ein Auge, dass man weder seine Umrisse sehen, noch das Korn des Papieres unterscheiden kann, sondern lediglich die Empfindung des Weiss bekommt, und schliesst das andere Auge; so überzieht sich von Zeit zu Zeit das Weiss mit einem dunklen Nebel, weil periodisch das Eigenschwarz des geschlossenen Auges siegreich wird.*)

Eine analoge Beobachtung ist diese: Wenn man die geschlossenen Augen gegen das Licht kehrt, und sodann das eine Auge noch mit der Hand verdeckt, so tritt bekanntlich zunächst eine Verdunklung des Sehfeldes ein. Setzt man aber die Beobachtung fort, so sieht man, dass auch hier der Wettstreit der Netzhäute besteht; denn in langsamer Abwechslung erscheint bald das Sehfeld heller und roth, bald dunkler und fast schwarz.

b. Bringt man complementäre Farben binocular zur Deckung, so erhält man bekanntlich periodisch ein schwaches Weiss oder vielmehr Grau, welches jedoch viel lichtschwächer ist, als das Weiss oder Grau, welches man erhält, wenn man genau dieselben Farben auf einer Netzhaut mischt, während die andere ganz verfinstert ist. Es kann nehmlich ersteren Falls nicht gleichzeitig von jeder Netzhaut sozusagen die ganze Empfindung ins Sehfeld treten, sondern günstigsten Falls von jeder Seite nur die Hälfte, daher nicht ein gleich helles Weiss gesehen werden kann, wie dasjenige, welches durch Mischung der Farben auf nur einer Netzhaut entsteht.

c. Der Erfolg des FECHNER'schen »paradoxen Versuchs«**) ist aus obigem Gesetze a priori abzuleiten. »Vollständige Verdunklung eines bis zu gewisser Grenze verdunkelten Auges bei unverdunkeltem andern Auge bewirkt eine Erhellung des gemeinsamen Gesichtsfeldes.« FECHNER blickte bei dem Versuche gegen den Himmel oder auf eine weisse Thüre oder Wand und hielt vor das Auge ein dunkles Glas. Während nun hierbei das dunkle Bild des nicht vollständig verdunkelten Auges mit in den Wettstreit einging und also das Sehfeld mehr oder minder verdunkeln musste, wurde jenes Auge, sobald man es vollständig verdunkelte, ganz vom Kampfplatze verdrängt und das helle Weiss des geöffneten Auges erlitt nun keine Abschwächung mehr.

Hätte FECHNER alle Contouren, überhaupt alles Unterscheidbare ausgeschlossen und eine ganz homogene Fläche benützt, hätte er ferner die Beobachtung länger fortgesetzt, so würde er auch das zuerst heller gewordene Sehfeld wieder periodisch verdunkelt gesehen haben. Eine seiner Versuchspersonen sah wirklich den Wettstreit trotz der Ungunst

---

*) Diese Beobachtung ist schon von PURKINJE gemacht und von VOLKMANN bestätigt worden.

**) Ueber einige Verhältnisse des binocularen Sehens. Abhandl. der k. sächs. Gesellsch. d Wissensch. VII. 416.

der Versuchsverhältnisse. Aber FECHNER will dies aus willkührlicher Intention erklären. Die Erscheinung tritt jedoch ohne und selbst gegen unsern Willen ein.

d. »Zulassung des Lichtes bis zu gewissen Grenzen in einem anfangs ganz verdunkelten Auge bei unverdunkeltem andern Auge bewirkt eine Verdunklung des gemeinsamen Gesichtsfeldes« (FECHNER); d. h. also, wenn das eine Auge ein helles Weiss sieht und man lässt sodann in das anfangs ganz verdunkelte andere Auge etwas Licht fallen, so geht diese Empfindung des relativ Dunkleren mit in den Wettstreit ein, während anfangs die ganz verdunkelte Netzhaut sich gar nicht am Wettstreite betheiligte. Die Zulassung des Lichtes geschah durch Oeffnen des mit einem grauen Glase bewaffneten Auges. Es fielen also auch hier Contouren auf die Netzhaut. Am reinsten ist der Versuch, wenn man ein Auge schliesst, das Gesicht gegen das Licht wendet, und abwechselnd das geschlossene Auge noch mit der Hand verdeckt.

Eine genauere Darlegung der Gesetze des Wettstreites denke ich anderswo zu geben. Hier war nur nöthig, Einiges hervorzuheben, was für das Verständniss des Folgenden von Wichtigkeit ist. Die Wettstreitsphänomene sind, wie das Folgende lehren wird, von der höchsten Wichtigkeit für das Verständniss des binocularen Raumsehens.

§ 122.
Von der Bedeutung des Wettstreites der Netzhäute und des Dominirens der Contouren.

Wie aus allem früher Gesagten hervorgeht, ist der Sehraum ein einfacher, und die in denselben eingetragenen Farben sind in jedem Einzelpunkte das einfache Ergebniss aus der doppelten Erregung eines Deckstellenpaares. Demnach könnte man erwarten, dass zwei Gesammtnetzhautbilder, sobald sie nicht vollkommen congruent, sondern verschieden geformt und gefärbt sind, in ein gemeinsames Chaos zusammenfliessen müssten. Es würde z. B. das Weiss im einen Auge sich mit dem Schwarz des andern zu Grau mischen, alle Farbenunterschiede würden abgeschwächt oder aufgehoben werden, ein Theil der Contouren würde zu Grunde gehen u. w. dergl. m. ist. Wir würden mit einem Worte nur ein Netzhautbild, nicht zwei sehen.

Nun würde zwar die Erfahrung diesen Uebelstand z. Th. beseitigen können, insofern wir ja auch, wie ich in § 63 erörtert habe, einer Netzhaut zwei ganz verschiedene Bilder bieten können, d. h. ein direct gesehenes und ein gespiegeltes, ohne dass beide in eines unterschiedslos zusammenfliessen. Wir trennen dann durch unser Urtheil das Spiegelbild von dem direct gesehenen, was besonders leicht wird, wenn das eine ferner erscheint, als das andere; wir sondern die Contouren und füllen mit der allerdings auf jeder Netzhautstelle einfachen Farbenresultante beide Netzhautbilder abwechselnd aus, ergänzen in Gedanken die Theile des hinteren Bildes, welche von dem vorderen verdeckt werden etc. Aber die Farben bleichen doch sehr oder werden verändert, je nachdem mehr oder minder Complementäres aufeinander trifft. Auch kommen mannichfache Täuschungen dabei vor, d. h. Theile des vorderen Bildes werden in das hintere verlegt und was dergl. mehr ist. Ueberhaupt ist die Sonderung zweier solcher Bilder nur auf Grund langer Erfahrung möglich; dem noch ganz Unerfahrenen müssten nothwendig beide Bilder in eines zusammenfliessen.

Hätten nun beide Netzhäute stets gleichen Antheil an der Erzeugung der Empfindung, d. h. gäbe die Reizung eines Deckstellenpaares eine stetige Resultante der beiderseitigen Erregung, so wäre das Verhältniss ganz dasselbe, als wenn die beiden Bilder, statt auf den zwei Netzhäuten, auf einer und derselben Netzhaut lägen. Hieraus nun leuchtet die hohe Wichtigkeit des Wettstreites der Netzhäute hervor.

Durch den Wettstreit der Netzhäute wird die Fusion beider Netzhautbilder verhindert und jedes derselben bewahrt eine gewisse Selbstständigkeit. Da beide Bilder in dem gemeinsamen Raume, der ihnen angewiesen ist, nicht gleichzeitig auftreten können, so kämpfen sie miteinander um denselben, und abwechselnd tritt bald mehr das eine, bald mehr das andere in den Sehraum ein. Bringen wir z. B. Blau und Gelb auf Deckstellen, so würde uns, wenn beide Netzhäute eine constante Resultante (im gewohnten Sinne) gäben, ein lichtschwaches Weiss oder Grau zur Empfindung kommen. Durch den Wettstreit der Netzhäute aber wird die gesonderte Empfindung des Gelb und Blau möglich, nicht gleichzeitig, aber abwechselnd. Im ersten Augenblicke tritt z. B an einer Stelle das Gelb in vollster Reinheit auf, im nächsten Augenblicke leidet es schon unter der Beimischung des Blau, wird daher grauer und grauer und geht endlich im reinen Grau unter. Aus diesem neutralen Gemisch, an welchem beide Netzhäute gleichen Antheil hatten, drängt sich jedoch bald das Blau deutlicher hervor, besiegt endlich das Gelb vollständig und füllt nun allein die Stelle im Sehfelde. Hierbei ist noch von Wichtigkeit, dass der Sieg z. B. des Blauen nicht auf dem ganzen Kampfplatze gleichzeitig erfolgt, sondern dass die Phasen des Kampfes an verschiedenen Stellen verschiedene sind, sodass fast immer ein Blaues und ein Gelbes gleichzeitig hier und dort siegreich wird, während die zwischenliegenden Stellen des Sehfeldes von den verschiedenen Mischphasen erfüllt sind. Selten geht die eine Farbe ganz unter.

Am wesentlichsten aber ist bei diesem Wettstreite das (von Panum sogenannte) Dominiren der Contouren. Wo nehmlich auf einer Netzhaut zwei verschiedene Farben*) mit einer scharfen Grenze zusammenstossen, gewinnen die Farben ein Uebergewicht über die identisch gelegenen Farben der andern Netzhaut, d. h. die Contouren nehmen stets ein Stück des Grundes, auf dem sie liegen, mit ins gemeinsame Sehfeld hinein, wodurch sie erst sichtbar werden. Daher erscheinen die Contouren im gemeinsamen Sehfelde stets wie von einer Glorie umstrahlt; daher auch wird es nicht leicht möglich, dass die Contouren im Wettstreite der Netzhäute untergehen, wenigstens nicht bei bewegtem Auge. Denn bei absolut ruhig gehaltenem Auge werden auch Contouren des einen Bildes leicht im Wettstreite von einer gleichmässigen Farbenstrecke des andern Bildes übertönt. Beim gewöhnlichen Sehen aber sind die Contouren stets im Vortheil; sie sind gleichsam von einer siegreichen Farbencohorte umgeben, welche ihnen den Platz im gemeinsamen Sehfelde erzwingt. Nur wenn ein Contour der einen Netzhaut einen Contour der andern kreuzt, tritt an der Kreuzungsstelle auch zwischen den Contouren ein Wettstreit ein: es fällt bald ein Stück des einen Contour aus, um den anderen durchzulassen, bald umgekehrt. Auch dies ist ein sehr wichtiger Umstand. Denn dadurch wird es unmöglich, dass jemals zwei sich kreuzende

---

*) Ich nenne hier Farbe alle verschiedenen Abstufungen der Lichtempfindung nach »Qualität« sowohl als »Intensität«; Grau ist also eine andere Farbe als Weiss, Hellgelb eine andere als Dunkelgelb u. s. w.

Contouren, die nicht derselben Netzhaut angehören, sich zu einem zusammenhängenden Gebilde aufbauen können. Entweder dominirt der eine Contour und dann ist der andere zerrissen, oder letzterer ergänzt sich wieder, und dann ist der erstere zerrissen; nie aber können beide ein zusammenhängendes Kreuz bilden, wie wenn sie sich nur auf einer Netzhaut durchschnitten hätten.

Nicht genug kann ich die Wichtigkeit dieser hier nur kurz skizzirten Thatsachen betonen. Ohne genaue Kenntniss derselben ist eine vollständige Einsicht in das Binocularsehen unmöglich. Ich empfehle die treffliche Schrift von PANUM, welcher die, im Wesentlichen schon von JOH. MÜLLER geschilderten Thatsachen näher untersucht und durch zahlreiche interessante Beispiele erläutert hat. Die hohe Bedeutung des Wettstreites und der Herrschaft der Farbengrenzen ist aber zeither noch gar nicht gehörig gewürdigt worden.

Wir sahen also, dass beiden Netzhautbildern mittels des Wettstreites die Möglichkeit gegeben ist, sich von einander innerhalb gewisser Grenzen unabhängig zu machen und sich abwechselnd die Aufmerksamkeit des Sehenden zu erwerben. Nicht nur kann jedes von beiden zeigen, wie es gefärbt ist, sondern auch welche eigenthümlichen Umrisse seine Farben haben, kurzum es kann sich nach Farbe und Gestalt, wenngleich unter fortwährendem Kampfe, dem Bewusstsein präsentiren.

Das doppeläugige Tiefsehen nun, d. h. das sogenannte stereoskopische Sehen ist nur möglich durch den Wettstreit der Netzhäute und den Sieg der Contouren.

Wie aus § 117 hervorgeht, haben zwei auf Deckstellen liegende Bildpunkte denselben Höhen- und Breitenwerth (Richtungswerth), aber entgegengesetzte Tiefenwerthe. Drängen nun je zwei auf Deckstellen liegende Bilder stets mit gleicher Macht in das gemeinsame Sehfeld ein, so würden ihre beiden Farben die bezügliche Mischfarbe geben, deren scheinbarer Ort nach Höhe und Breite bestimmt wäre durch ihren gemeinsamen Richtungswerth, und deren Tiefenwerth stets gleich 0 wäre, wenn wir die Tiefe des Kernpunktes gleich 0 setzen; denn da der Nahwerth des einen Bildes gleichgross wäre wie der Fernwerth des andern, so würden beide Werthe, als $+$ und $-$, sich vollständig heben. Siegen aber, wie dies für gewöhnlich stets der

Fall ist, die Contouren der einen Netzhaut über die identisch liegende gleichmässige Färbung der andern, so behält jeder in den gemeinsamen Sehraum eintretende Contour seinen Nah- oder Fernwerth bei und wird demnach ausserhalb der Kernfläche des Sehraumes gesehen. Alle Localisation der Bilder aber knüpft sich an die Contouren. Ihr Sieg im Sehraume ist zugleich ein Sieg ihrer Tiefenwerthe, und daher wird erst durch diesen die Localisation der einzelnen Bilder in verschiedener Tiefe möglich, während die Tiefenwerthe identischer Stellen sich stets zu 0 ausgleichen müssten, Alles nivellirt und in der Kernfläche gesehen werden würde, wenn nicht der Sieg der Contouren dies verhinderte.

§ 123.

Bedeutung der Augenbewegungen für die Tiefenwahrnehmung.

So irrig es meiner Ansicht nach ist die Tiefenwahrnehmung aus den Bewegungen des Auges erklären zu wollen, so nachdrücklich muss doch darauf hingewiesen werden, dass durch die Augenbewegungen das Tiefsehen Gelegenheit bekommt, sich viel umfänglicher zu entfalten, als dies bei ruhenden Augen möglich wäre. Demnach bleibt der Brücke'schen Theorie immer das Verdienst, ein wichtiges Hülfsmittel beim Tiefsehen nachdrücklich hervorgehoben zu haben. Was aber das Wesen dieser Theorie betrifft, so wird durch dieselbe meiner Meinung nach das ganze Verhältniss auf den Kopf gestellt: denn nicht durch die Bewegungen der Augen wird die Tiefenwahrnehmung erzeugt, sondern die von der Netzhaut her erweckten Tiefengefühle regen erst die Bewegung des Blickes nach der Tiefe an.

Ich habe mich schon in den ersten §§ dieser Beiträge auf die Seite der Wenigen gestellt, welche die Existenz eines auf Muskelgefühlen basirenden sogenannten Muskelsinnes läugnen. Die experimentellen Beweise für die Richtigkeit meiner Ansicht werde ich später geben. Es entstehen in den Muskeln keinerlei Gefühle, welche uns über irgendwelche räumliche Verhältnisse Aufschluss geben könnten. Daher giebt es auch keine sogenannten Bewegungsgefühle. Jeder vom Sensorium aus angeregten Bewegung geht natürlich und nothwendig ein Zustand des Sensoriums voran, welcher sich zur Innervation der motorischen Nerven wie Ursache zur Wirkung verhält; diese Ursache ist ein Eigenthum des Sensoriums, aber von der Wirkung weiss letzteres nichts ausser dem, was es auf **indirectem Wege** von den bekannten fünf Sinnen darüber erfährt.

Die Bewegungen des Doppelauges stehen unter der fortwährenden Herrschaft und Leitung des Doppelnetzhautbildes, d. h. der Raumgefühle, welche vom Netzhautbilde her im Sensorium ausgelöst werden. Selbstverständlich giebt es noch anderweite Motive zur Bewegung, welche nicht direct von der Netzhaut kommen, sondern ein mehr oder weniger vom Netzhautbilde unabhängiges Erzeugniss unseres Sensoriums sind. Dahin gehören die von der Haut und vom Ohre ausgelösten Raumgefühle; ferner die aus der Reflexion entspringenden Willensimpulse, durch welche z. B. der Physiolog den Augen mancherlei Bewegungen sozusagen gegen ihren Willen abzwingt; die Affecte, welche die mimischen Augenbewegungen hervorrufen etc. Hier spreche ich nur von denjenigen Bewegungen, welche das, lediglich seiner Bestimmung als Sehorgan hingegebene Auge gleichsam instinctiv zum Zwecke der sinnlichen Erkenntniss der Aussenwelt ausführt.

Sofern in einem sonst leeren Raume oder auf einer gleichfarbigen Fläche plötzlich ein Unterscheidbares seitlich auftaucht und in einem oder beiden Augen z. B. einen Punkt der rechten Netzhauthälften erregt, sobald wird auch das bestimmte, diesem Netzhautpunktpaare zukommende Richtungsgefühl ausgelöst, welches einer Richtung nach links entspricht. Dieses im Sensorium ausgelöste Richtungsgefühl veranlasst unmittelbar, d. h. ohne dass hierzu irgendwelche Reflexion nöthig ist, eine nach links gerichtete Bewegung des Doppelauges. Ganz entsprechend verhält es sich, wenn ein Punkt der linken, untern oder obern Netzhauthälften getroffen wird. Es ist hierbei gleichgültig, ob von zwei Deckpunkten nur der eine oder beide getroffen werden; in beiden Fällen wird ein und dasselbe Richtungsgefühl ausgelöst, und in beiden Fällen wird dies Raumgefühl Anlass zu einer und derselben gleichzeitigen Bewegung **beider Augen**, welche sich hier durchaus so verhalten, wie ein einfaches, nur in zwei Zweige auslaufendes Organ sich verhalten würde. Die gleichsinnigen Bewegungen der Augen also, bei denen sie, immer unter sich parallel, nach rechts, links, oben oder unten, beziehendlich schräg hinauf oder hinab geführt werden, stehen unter der Herrschaft der von der Doppelnetzhaut her im Sensorium ausgelösten Richtungsgefühle, d. h. **die Doppelnetzhaut selbst leitet mittels der Richtungsgefühle und auf dem Umwege durch's Sensorium die gleichsinnigen Bewegungen des Doppelauges.**

a. Folgender Versuch ist zur Erkenntniss dieses Verhältnisses sehr instructiv: Man erzeugt sich ein excentrisch liegendes Nachbild entweder nur in einem Auge oder auf Deckstellen beider Augen, und richtet sodann die Augen auf eine homogene Fläche. Das z. B. auf der linken Netzhauthälfte liegende Nachbild erregt fortwährend ein Richtungsgefühl, welches die Augen unwillkührlich nach rechts treibt, und wenn man nicht gewaltsam diesem Impulse entgegenwirkt, gleiten die Augen, von der Macht des Richtungsgefühles getrieben, weiter und weiter nach rechts.

Eine ganz ähnliche Wirkung üben bekanntlich die excentrisch erscheinenden mouches volantes aus, sobald sie die Aufmerksamkeit in Anspruch nehmen.

Wie die gleichsinnigen Bewegungen der Augen unter der Herrschaft der Richtungsgefühle, so stehen die gegensinnigen Bewegungen der Augen unter der Herrschaft der Tiefengefühle.

Gegensinnige Bewegungen sind solche, bei denen das eine Auge nach rechts, das andere nach links geht, wobei also die Convergenz erhöht oder vermindert wird, beziehendlich sogar eine Divergenz eintritt. Sobald in einem sonst leeren Raume ein Punkt erscheint, der sich nicht identisch abbildet, sondern z. B. symmetrisch auf den innern Netzhauthälften liegende Bilder giebt, sobald wird auch durch diese beiden Bilder ein positives Tiefengefühl, d. i. also ein Ferngefühl ausgelöst, welches nun seinerseits die zur Minderung des Convergenzgrades eingerichtete Musculatur unwillkührlich innervirt. Beide Augen bewegen sich also nach aussen und selbstverständlich wirkt ein von den beiden symmetrischen Bildstellen ausgehendes Ferngefühl fort, bis schliesslich beide Bilder auf die Netzhautmitte fallen und damit plötzlich die Bewegung sistirt wird, weil das Ferngefühl auf Null herabgesunken ist. Demnach können identisch liegende Netzhautbilder, auch wenn sie noch so eindringlich sind und sich mit Gewalt dem Sensorium aufdrängen, im Allgemeinen nicht zu gegensinnigen, sondern nur zu gleichsinnigen Bewegungen Anlass geben. Denn zwei identischen Punkten kommen gleichgrosse entgegengesetzte Tiefenwerthe zu, sodass das eine Bild sozusagen ebensosehr zur Convergenz zwingt, als das andere zur Divergenz anregt, und der Impuls zur gegensinnigen Bewegung also gleich 0 sein wird. Ebenso erwecken andererseits symmetrisch gelegene Doppelbilder im Allgemeinen keine gleichsinnige Bewegung der Augen; denn das eine Bild löst ein Richtungsgefühl aus, welches die Augen ebenso nach links treibt, als das von dem andern Bilde erweckte Richtungsgefühl sie nach rechts treibt, sodass beide Impulse sich aufheben müssen. Dagegen wird aus dem identischen Tiefenwerthe zweier solcher Bilder eine gegensinnige Augenbewegung resultiren.

Giebt ein Aussenpunkt disparate Bilder, welche z. B. beide auf den linken Netzhauthälften liegen, sodass sie ein einseitiges Doppelbild darstellen, und liegt dabei das Bild der rechten Netzhaut weiter von der Netzhautmitte, als das der linken Netzhaut, so erweckt, wie oben gezeigt wurde, das Bild im linken Auge, weil es auf der äussern Netzhauthälfte liegt, ein Nahgefühl, welches an sich zu einer Convergenzbewegung anregen müsste; zugleich aber wird von dem Bilde der rechten Netzhaut, welches nach innen von der Netzhautmitte und zwar weiter von letzterer abliegt, ein grösseres Ferngefühl ausgelöst. Beide Bilder präsentiren sich nun, wie oben gezeigt wurde, dem Sensorium als eines, und es resultirt somit aus der Wahrnehmung dieses Doppelbildes schliesslich wegen des grösseren Fernwerthes des einen Bildes eine Divergenzbewegung der Augen oder vielmehr eine Minderung ihrer Convergenz. Durch dieselbe werden die anfangs disparat gelegenen Bilder des Aussenpunktes bald auf Deckstellen gebracht, und hiermit endet der Impuls zur Divergenz. Zu gleicher Zeit haben aber auch beide Bilder, weil sie excentrisch nach links auf den Netzhäuten lagen, ein Richtungsgefühl erweckt, welches die Augen gleichsinnig nach rechts getrieben hat, sodass aus dem doppelten Bewegungsimpulse (zur Minderung der Convergenz und zur gleichsinnigen Bewegung nach rechts) eine Stellung der Augen resultirt, bei welcher die ursprünglich disparat und excentrisch gelegenen Bilder beide auf die Netzhautmitten fallen. In dieser Stellung finden nun die Augen Ruhe, da den Netzhautmitten der Nullpunkt für die verschiedenen von der Netzhaut ausgehenden Bewegungsimpulse entspricht. Sobald jedoch abermals excentrische Bilder sich dem Sensorium besonders bemerklich machen, sobald kommen auch die ihnen zugehörigen Richtungs- und Tiefengefühle zur Wirkung, und die Augen gehen unter ihrer Leitung in die Stellung, bei welcher schliesslich allemal das, was die Aufmerksamkeit erweckte, auf die Netzhautmitten zu liegen kommt, d. h. zum Fixationspunkte gemacht wird.

Wir haben also ein zweifaches System von Bewegungen des Doppelauges zu unterscheiden, denen wohl auch besondere motorische Centra entsprechen (vergl. § 124). Die Bewegungen des Auges sind, obwohl sie unwillkührlich erfolgen, doch keine eigentlichen Reflexbewegungen. Ein Netzhautbild wirkt motorisch nur insofern, als es eben die Aufmerksamkeit fesselt; von der Stellung also, die es im Bewusstsein einnimmt, hängt es ab, inwieweit seine Raumwerthe zu motorischen Impulsen werden. Daher dürfen die instinktiven Augenbewegungen nicht ohne Weiteres mit den Reflexbewegungen (im engeren Wortsinne) zusammengestellt werden. Es ist im höchsten Grade wahrscheinlich, dass die Harmonie und Zweckmässigkeit der Augenbewegungen nichts Erworbenes ist, vielmehr bin ich, im Gegensatz zu HELMHOLTZ der Ansicht, dass der Bewegungsmodus des Doppelauges in seinen **wesentlichen Zügen** durch angeborene Einrichtungen vorgezeichnet ist.

Nach dieser kurzen Skizze meiner Ansichten über das Verhältniss zwischen Tiefenwahrnehmung und Augenbewegung wird man erkennen, dass ich der BRÜCKE'schen Theorie des Tiefsehens ein ὕστερον πρότερον vorwerfen muss. BRÜCKE vertauscht die Wirkung mit der Ursache. **Erst** sieht man das Doppelbild eines nicht im Längshoropter gelegenen Punktes diesseit oder jenseit derKernfläche, und erst in **Folge** dieser Tiefenwahrnehmung treten diejenigen Bewegungen der Augen ein, durch welche die Bilder des bezüglichen Aussenpunktes auf identische Stellen geleitet werden. **Die Tiefenwahrnehmung erzeugt die Tiefenbewegung des Doppelauges, nicht umgekehrt.**

Gleichwohl stimme ich, wie gesagt, BRÜCKE darin bei, dass der Tiefenbewegung der Augen eine hohe Bedeutung für die Tiefenwahrnehmung zukommt. Erstens nehmlich werden durch dieselbe die

Doppelbilder eines Aussenpunktes in eine charakteristische Bewegung gegeneinander versetzt, sie nähern oder entfernen sich untereinander in bestimmter Weise. Zweitens geht ein bewegtes Doppelbild nicht wie ein ruhendes im Wettstreit der Netzhäute unter; und endlich drängen sich überhaupt alle excentrischen Bilder, wenn sie sich bewegen, viel lebhafter ins Bewusstsein als die ruhenden, eine Thatsache, die jedem in der Sache Bewanderten bekannt sein wird

b. Bieten wir unter dem Stereoskop den Augen erstens zwei Linien, welche sich je eine auf einer vertikalen Trennungslinie abbilden, fixiren diese einfach gesehene Doppellinie und bewegen dann zwei excentrisch, z. B. nach rechts gelegene Parallelen, deren eine dem linken, die andere dem rechten Auge sichtbar ist, in der Ebene des Papieres so gegeneinander, dass sich die beiden Bilder untereinander nähern oder entfernen, so sicht man bekanntlich in zwingender Weise eine Bewegung einer einfach gesehenen Linie nach der Tiefe, d. h. die Linie geht scheinbar hinter oder vor das Papier, je nachdem die beiden Bilder ungekreuzte oder gekreuzte sind. Dass dies keine Folge einer entsprechenden Aenderung des Convergenzgrades der Gesichtslinien ist, geht schlagend daraus hervor, dass man denselben Versuch gleichzeitig doppelt ausführen kann. Man erzeugt sich zu diesem Zwecke nach rechts hin zwei sich einander nähernde, nach links hin zwei sich von einander entfernende Linienbilder, wobei man denn gleichzeitig die eine Linie hinter, die andere vor das Papier treten sieht. Selbstverständlich aber kann man nicht zu gleicher Zeit convergiren und divergiren. Noch einfacher ist der Versuch, wenn man jedem Auge eine in der Mitte markirte Vertikallinie bietet, die Mitte der scheinbar einfachen Linie fixirt und dann beide Linien um ihre Mitte ein wenig in der Papierebene und zwar in entgegengesetztem Sinne dreht: dann scheint die Linie sich in der Medianebene zu drehen, und während die obere Hälfte sich scheinbar nähert, entfernt sich scheinbar die untere. Auch hier haben wir zu gleicher Zeit zwei entgegengesetzte Tiefenwahrnehmungen, welche sich in keiner Weise aus einer Veränderung der Augenbewegung erklären lassen und die Brücke'sche Theorie ebenso zwingend widerlegen als der Dove'sche Versuch.

Was bei diesen Versuchen durch die Bewegung der Objecte erzielt wird, das erzeugen beim gewöhnlichen Sehen die Augenbewegungen; die Verschiebung der Netzhautbilder ist hier wie dort dieselbe, die scheinbare Tiefenbewegung der Doppelbilder eigentlich ebenfalls. Aber diese Bewegung wird bei den vom Sensorium selbst angeregten Tiefenbewegungen nicht auf die Objecte bezogen, sondern aufs Subject, daher denn die Objecte zu ruhen scheinen und nur die Tiefenwahrnehmung als solche übrig bleibt. Hierbei ist die Tiefenwahrnehmung entschieden eindringlicher als bei ruhenden Bildern; denn die Doppelbilder, indem sie auf immer neue Netzhautstellen rücken, frischen sich gleichsam immer wieder auf, sowohl in Betreff ihrer Farbe, als ihrer Tiefenwerthe, und sie behalten nicht Zeit genug, um sich von den Deckstellen der andern Netzhaut übertönen zu lassen, wie dies bei ruhenden Bildern geschieht.

Ferner geben also die Augenbewegungen die Möglichkeit, das anfangs doppelt und indirect Abgebildete, zu einem einfach Empfundenen und direct Gesehenen zu erheben. Sieht man gleich beim gewöhnlichen Sehen auch die Doppelbilder einfach, so ist doch dieses Einfachsehen nicht so deutlich als das Einfachsehen mit Deckstellen, geschweige denn mit den Netzhautmitten. Indem nun jedes Doppelbild, sobald es einmal in das Bewusstsein getreten ist, sofort auch durch die ihm beigegebenen Richtungs- und Tiefengefühle diejenige Bewegung einleitet, durch welche es auf die Netzhautmitten übergeführt wird, bleibt dem Sehenden gewissermassen gar keine Zeit, sich nachhaltig mit einem Doppelbilde, als solchem, zu beschäftigen, wie dies der Physiolog vermag; sondern ehe noch die wachgewordene Aufmerksamkeit Zeit gehabt hat, das Doppelbild in seine einzelnen Bestandtheile zu zerlegen, ist bereits die Empfindung factisch einfach geworden. Daher kommt es besonders, dass der gewöhnliche Mensch meist gar nichts von Doppelbildern weiss. Alle Unterscheidung zweier nahverwandter sinnlicher Eindrücke erfordert Zeit und Uebung: der Neugeborne wird zwei einander sehr nahe liegende Parallellinien kaum als doppelt unterscheiden, sondern noch für eine nehmen, wenngleich beide auf derselben Netzhaut abgebildet sind, aber die Uebung wird mit der Zeit sein Unterscheidungsvermögen verfeinern. Das Unterscheidungsvermögen aber für binoculare Doppelbilder, als zweier der Sonderung fähiger Licht- und Raumempfindungen wird sich bei ihm nicht entwickeln können, weil ihm die unwillkührlichen, im Uebrigen sehr zweckmässigen Bewegungen seiner

Augen diese Uebung im indirecten Sehen vereiteln, indem durch diese Bewegungen das Doppelte stets einfach wird, sobald er Anstalt macht, es näher zu untersuchen.

§ 124.
Grundzüge der allgemeinen Theorie des Raumsehens.

Der Sehraum, d. i. der Inbegriff der gesammten Anschauungen, die wir in einem beliebigen Augenblicke haben, ist das Erzeugniss unseres Sensoriums entstanden durch das Zusammenwirken zweier Factoren, erstens der Licht- und Raumempfindungen, welche durch das Doppelnetzhautbild direct und auf Grund eines angeborenen Mechanismus ausgelöst werden, und zweitens der jedesmaligen Beschaffenheit des Sensoriums, welche bedingt ist durch die zahllosen Erfahrungen, Urtheile und Schlüsse, durch welche das Sensorium im Laufe des Lebens sozusagen umgebildet wird.

Wir haben es hier zunächst nur mit dem ersten Factor zu thun und setzen ein primitives, absolut unerfahrenes und sozusagen weder urtheils- noch schlussfähiges Sensorium voraus.

Ein solches rein sinnliches Sensorium hat Bewusstsein, aber kein Selbstbewusstsein; es empfindet aus Anlass eines beliebigen Netzhautbildes Raum und Licht, aber es stellt sich selbst noch nicht dem Empfundenen als ein Ich gegenüber; die Bilder, die es von Theilen seines eignen Körpers empfängt, sind ihm zunächst noch gleichwerthig mit den Bildern anderer Dinge, es empfindet einen Raum und unterscheidet in diesem Raume einzelne verschieden gefärbte Gestaltungen und unter diesen auch z. B. Hände und Füsse, aber es hat zunächst noch keinen Anlass, die letzteren als zum engern Ich gehörig, den übrigen Gestalten entgegenzusetzen; es reflectirt nicht, sondern empfindet nur und geht in jedem Augenblicke in seinen Empfindungen auf.

Ein solches Sensorium sieht nicht die Dinge in der oder jener Richtung; denn die Richtung setzt die Beziehung auf einen Ausgangspunkt aller Richtungen, d. h. ein Ich als Centrum aller räumlichen Relationen voraus. Daher kann hierbei von Sehrichtungen noch nicht gesprochen werden. Wohl aber kann von den räumlichen Relationen die Rede sein, welche die empfundenen

Gestalten **unter sich** im Sehraume haben, und von der gesetzmässigen Abhängigkeit in welcher diese Relationen stehen zu den Verhältnissen der Einzeltheile des Netzhautbildes unter sich. Von **directen räumlichen** Beziehungen aber zwischen den Netzhautbildern und den entsprechenden Anschauungsbildern, Beziehungen wie sie die Projections- und Richtungslinientheorie statuirt, kann nicht die Rede sein. Die Beziehung zwischen beiden ist vielmehr nur **functionell**.

Der passendste Ausgangspunkt für alle räumlichen Bestimmungen der Anschauungsbilder unter sich ist der Kernpunkt des Sehraumes. Er hat an sich keinen bestimmten Ort, sondern eine räumliche Bestimmung ist für ihn nur insofern möglich, als wir seine Lage wieder beziehen auf andere gleichzeitig empfundene Theile des Sehraumes, und ebenso verhält es sich mit jedem andern Punkte des Sehraumes. Daher denn im Sehraume absolute Ortsbestimmungen, (d. h. hier solche, die dem **wirklichen** Raume entsprechen oder zu den wirklichen Dingen in bestimmtem Grössenverhältniss stehen) zunächst nicht in Betracht kommen können, sondern es sich nur um Relationen der Einzelpunkte des Sehraumes unter sich handeln kann. Demgemäss ist auch kein anderes Maass an die Anschauungsbilder zu legen, als das Maass ihrer Verhältnisse untereinander; es handelt sich um Proportionen, nie um absolute (d. h. der Wirklichkeit entsprechende) Grössen.

Dem Kernpunkte des Sehraumes entsprechen auf der Doppelnetzhaut die beiden Netzhautmitten. Das räumliche Verhältniss, in welchem die von den andern Netzhautpunkten erweckten Bilder sich in der Anschauung, d. i. im Sehraume um den Kernpunkt herum gruppiren, ist abhängig von den Raumwerthen der einzelnen Netzhautpunkte oder den Raumgefühlen, welche von den Netzhautpunkten ausgelöst werden.

Es giebt nur drei **räumliche Grundgefühle oder einfache Raumgefühle** und dem entsprechend drei Systeme von Raumwerthen der Doppelnetzhaut. Das eine einfache Raumgefühl entspricht den Höhen-, das zweite den Breiten-, das dritte den Tiefenwerthen der einzelnen Netzhautstellen.

Jeder Netzhautpunkt hat einen besondern Höhen-, Breiten- und Tiefenwerth, dessen Grösse im Allgemeinen abhängig ist von dem directen Abstande des Netzhautpunktes von der vertikalen oder horizontalen Trennungslinie, d. i. dem mittlen Längs- oder Querschnitt. Jeder Netzhautpunkt löst also ein Raumgefühl aus, welches aus drei, in bestimmten Verhältniss gemischten einfachen Gefühlsqualitäten zusammengesetzt ist.

Jedes einfache Raumgefühl zerfällt wieder sozusagen in eine positive und eine negative Qualität, wie dies schon oben in Betreff des Tiefengefühls erörtert wurde, welches einerseits als Nahgefühl, andererseits als Ferngefühl auftrat. Demnach könnte man auch von sechs einfachen Qualitäten der Raumempfindung sprechen.

Die vertikale Trennungslinie trennt die Netzhautstellen mit positivem Tiefen- und Breitenwerthe, von denen mit dergl. negativem Werthe; der Tiefen- und Breitenwerth der Trennungslinien selbst ist daher = 0; die entsprechenden Werthe der einzelnen Längsschnitte wachsen mit ihrem Abstande von dem mittlen Längsschnitte. Analog ist der Höhenwerth der horizontalen Trennungslinien = 0, während der positive oder negative Höhenwerth eines Querschnittes wächst mit seinem Abstande vom mittlen Querschnitt. Alle Punkte eines und desselben Querschnittes haben also einen und denselben Tiefen- und Breitenwerth, alle Punkte eines Querschnittes denselben Höhenwerth. Der Durchschnittspunkt des mittlen Längs- und Querschnittes, d. i. die Netzhautmitte bildet den Nullpunkt für die Raumwerthe nach den drei Dimensionen.

Jeder Netzhautpunkt löst also im Allgemeinen ein aus drei einfachen Raumgefühlen gemischtes Raumgefühl aus, welches je nach der Einzelstärke der einfachen Raumgefühle verschieden ist. Auf diese Weise wird jedem Bildpunkte im Sehraume ein ganz bestimmter Ort relativ zum Kernpunkte angewiesen; denn wie in der Geometrie die Lage eines Punktes bestimmt ist durch seine räumliche Beziehung auf drei Coordinaten, so der Ort eines Bildpunktes durch die drei einfachen, wenngleich zu einem Mischgefühl vereinigten Raumgefühle, die er im Sensorium auslöst. Oder wenn man sich die drei, durch Reizung eines bestimmten Netzhautpunktes ausgelösten Raumgefühle als Kräfte denkt, welche im Kernpunkte des Sehraumes in drei zu einander rechtwinkligen Richtungen angreifen, und die Resultante der drei Kräfte construirt, so giebt der Endpunkt dieser Resultante den Ort an, in welchem das Bild des betreffenden Netzhautpunktes im Sehraume zu erscheinen hat.

Statt einer endlosen Zahl von Localzeichen oder qualitativ verschiedenen Raumgefühlen erhalten wir unserer Theorie zufolge nur drei qualitativ verschiedene Raumgefühle, durch deren Mischung in den verschiedensten Intensitätsverhältnissen es möglich wird, dass jeder einzelne Netzhautpunkt räumlich charakterisirt ist.

Zwei Deckpunkte haben identischen Höhen- und Breitenwerth, daher es in Betreff der Localisation nach Höhe und Breite einerlei ist, ob ein Bildpunkt auf der rechten Netzhaut oder auf der Deckstelle der linken Netzhaut abgebildet ist. Zwei Gegenpunkte haben identischen Tiefenwerth, daher es in Betreff der Tiefenwahrnehmung gleichgültig ist, ob ein Punkt auf der rechten Netzhaut oder an symmetrischer Stelle der linken Netzhaut abgebildet ist.

Nur die mittlen Längsschnitte sind zugleich identisch und symmetrisch gelegen, daher nur ihren Bildern identische Raumwerthe zukommen. Diese Bilder erscheinen, bei Ausschluss erworbener Motive der Localisation, in einer durch den Kernpunkt des Sehraumes gehenden, zur Blickebene vertikalen Geraden, der Axe des Sehraumes, wie ich sie im ersten Hefte bezeichnete.

Identische Stellen haben entgegengesetzte Tiefenwerthe, daher ihre Bilder nur dann in der Kernfläche des Sehraumes erscheinen, wenn ihre beiden Tiefenwerthe sich eben zu 0 ausgleichen. Dies ist der gewöhnliche Fall, wenn beide Bilder einander möglichst gleich sind. Sobald aber beide Bilder ungleich sind und das eine das andere im Wettstreite übertönt, sobald wird dies Bild auch infolge seines siegreichen Tiefenwerthes vor oder hinter der Kernfläche erscheinen. Hierdurch wird das binoculare Tiefsehen möglich.

Es existiren vielleicht drei motorische Doppelcentra für die Bewegungen des Doppelauges, eines für die Höhen-, eines für die Breiten- und eines für die Tiefenbewegung. Jedes dieser Centra wird nur von dem gleichnamigen Raumgefühle (oder vielmehr von dem, diesem Gefühle entsprechenden psychophysischen Vorgange) angesprochen. Aus der gleichzeitigen aber verschieden starken Erregung der drei Centra resultiren alle möglichen Bewegungen des Doppelauges.

Die Annahme der drei motorischen Centra wird gestützt durch mancherlei anderweite Thatsachen aus der Physiologie des motorischen Nervenlebens, Thatsachen, deren Erörterung jedoch anderswohin gehört.

Wie gezeigt wurde, darf man in die Betrachtung der primitiven Raumempfindung den Begriff der Sehrichtung gar nicht einführen. Dagegen ist es zweckmässig, sich den ganzen Sehraum, entsprechend der Theilung der Netzhaut durch Längs- und Querschnitte, durch Ebenen eingetheilt zu denken. Auf diese Weise erhalten wir drei Systeme paralleler Ebenen, die sich rechtwinklig durchschneiden. Je eine Ebene eines solchen Systems, d. i. die mittle Längs-, Quer- und Tiefebene entspricht den Mittelschnitten der Netzhäute; nicht etwa insofern, als ob ursprünglich irgendwelche räumliche Relation zwischen diesen Netzhautlinien und den gedachten Schnittebenen des Sehraumes bestände, denn der Sehraum und der wirkliche Raum (sammt der wirklichen Netzhaut) sind völlig incommensurabel, sondern lediglich insofern, als die Bilder jener mittlen Netzhautschnitte (Trennungslinien) in den entsprechenden mittlen Schnittebenen des Sehraumes erscheinen. Die Bilder der mittlen Längsschnitte erscheinen in der mittlen Tiefebene, d. h. also in der Durchschnittslinie beider (d. i. der Axe oder Kernlinie des Sehraumes); die Bilder der mittlen Querschnitte erscheinen in der mittlen Querebene des Sehraumes (die für gewöhnlich der Blickebene entspricht). Der Ort eines Bildpunktes im Sehraum ist bestimmt, wenn man die Längs-, Quer- und Tiefebene kennt, in welcher er liegt. Die drei Mittelebenen durchschneiden sich im Kernpunkte des Sehraumes, welcher also sozusagen der primitive Mittelpunkt des Sehraumes ist. Die mittle Tiefebene entspricht der oben als Kernfläche des Sehraumes bezeichneten Fläche.

Es ist ersichtlich, dass bei diesem primitivsten Raumsehen keine Beziehung auf fern und nah existirt; denn diese kommt erst dadurch hinein, dass sich das Ich den Anschauungsbildern gegenüberstellt und das Vorstellungsbild unseres Leibes jederzeit in den Sehraum mit hineinconstruirt wird. Daher wächst ursprünglich auch nicht die scheinbare Grösse mit der scheinbaren Ferne, sondern gleichviel, ob die Bilder gemäss ihrem positiven oder negativen Fernwerthe auf der einen oder andern Seite der Kernfläche localisirt werden, behalten sie doch dieselbe, durch ihre Breiten- und Höhenwerthe bedingte scheinbare Grösse.

Sofern aber das räumliche Ich als solches sich von der Gesammtmasse des räumlich Empfundenen absondert und sich dem Uebrigen gegenüberstellt, sobald tritt auch das Beziehen der scheinbaren Lage der Anschauungsbilder auf den Ort ein, den das räumliche Ich einnimmt, und sobald darf auch von einer Richtung des Gesehenen gesprochen werden. Die Durchschnittslinien der Längs- und Querebenen des Sehraumes sind diese Sehrichtungen. Sie sind also ursprünglich parallel. Aber da sich das Ich gewissermassen zum Mittelpunkte des Sehraumes gemacht hat, wird es zugleich zum Ausgangspunkt der Schrichtungen und demzufolge sind dieselben nun als divergent in den Sehraum ausstrahlend anzunehmen. Hiermit steht nun das Grössersehen des ferner Erscheinenden in Einklang. Dies Grössersehen des doch im Grunde gleichgross Empfundenen ist also im Vergleich zum ganz primitiven Raumsehen ein secundärer Process. Der Maassstab, mit dem das Gesehene gleichsam abgeschätzt wird, ist nun ein veränderlicher, obgleich die primitive Empfindung eigentlich dieselbe bleibt.

Man kann fortwährend den durch die Divergenz der Schrichtungen entstehenden Widerstreit der reinen Empfindung gegen das Grössersehen des Ferneren beobachten. Bringt man z. B. eine Stricknadel nahezu horizontal in die Medianebene, befestigt an jedem Ende ein Kügelchen, und sucht mit den Augen den Punkt der Nadel, bei dessen Fixation das Doppelbild des ferneren Kügelchens gerade dicht über dem des näheren erscheint: so empfindet man die Distanz der zwei ferneren Trugbilder nicht grösser als die der zwei näheren und ist sich dessen auch sehr wohl bewusst. Gleichwohl schätzt man die erstere Distanz viel grösser als die zweite, und auch die Trugbilder der Nadel scheinen sich durchaus nicht in ihrer Mitte zu durchschneiden, sondern die beiden jenseits des Kernpunktes liegenden Schenkel des Doppelbildes scheinen länger zu sein, als die diesseits gelegenen.
— Eine weitere Erörterung des Verhältnisses zwischen der scheinbaren Ferne und scheinbaren Grösse kann hier, als zuweit abführend, nicht gegeben werden. Ich will jedoch noch auf das schon in § 2 Gegebene verweisen.

Wenn ich hier das Grössersehen des scheinbar Ferneren als einen, im Vergleich zur primitiven Raumempfindung secundären Vorgang bezeichnet habe, so will ich damit nicht gesagt haben, dass das Fernere nur auf Grund der Erfahrung und des Urtheils und nicht vielleicht auch auf Grund eines angeborenen, rein sinnlichen Mechanismus grösser gesehen werde. Es soll damit nur gesagt sein, dass hierbei zwei Factoren concurriren, von denen der eine willkührlich als der primäre, der andere als der secundäre bezeichnet worden ist. Auf Grund jenes einen (primären) Factors wird das Fernere so gross gesehen wie das Nähere, sobald Beiden gleichgrosse Netzhautbilder entsprechen, und hierauf beruht die, von mir in § 2 sogenannte **gleichmässige Vergrösserung des gesammten** Netzhautbildes. Auf Grund des zweiten Factors aber wird der **ganze** Schraum scheinbar um so grösser, je ferner das Ding erscheint, welches eben unsere Aufmerksamkeit fesselt.

§ 125.

Vom Stereoskope.

Nach der vorstehenden Entwicklung der Theorie des binocularen Tiefsehens ist über die sogenannten stereoskopischen Versuche wenig hinzuzufügen. Nur einige kritische Bemerkungen mögen noch Platz finden.

Dadurch, dass WHEATSTONE seine stereoskopischen Versuche sofort zu einem Angriff auf die Identitätslehre benützte, wurde die Behandlung der ganzen Frage von vornherein in eine einseitige Bahn geleitet. Man legte fortan das Hauptgewicht auf das Einfachsehen mit disparaten Stellen und fragte, ob ein solches wirklich bestehe, wie es zu erklären und mit der Identitätslehre in Einklang zu setzen sei. Die Tiefenwahrnehmung wurde nur nebenbei berücksichtigt, oder gar, wie dies z. B. VOLKMANN that, ganz beiseite gelassen, sodass in der bekannten Abhandlung dieses verdienten Forschers über die stereoskopischen Erscheinungen von letzteren eigentlich gar nicht die Rede ist, sondern fast ausschliesslich das »Verschmelzen« von Doppelbildern ohne Rücksicht auf die Tiefenwahrnehmung behandelt wird.

Eine eigentliche Erklärung der Stereoskopie hat VOLKMANN überhaupt nicht versucht; sein Streben ging nur darauf, nachzuweisen, dass die »Verschmelzung« disparater Bilder »psychologisch« zu erklären sei. Aber wenn nun auch diese Verschmelzung psychologisch erklärt war, so blieb doch die Hauptsache, d. h. die Tiefenwahrnehmung noch zu erklären.

Nun sind allerdings zwei Erklärungsversuche der stereoskopischen Erscheinungen gemacht worden. Der eine ist der schon oben besprochene Brücke'sche; danach würde die Tiefenwahrnehmung aus der wechselnden Convergenz der Sehaxen und den dadurch erregten Muskelgefühlen zu erklären sein. Abgesehen davon, dass in den Muskeln keinerlei Gefühle entstehen, welche auf die räumliche Auslegung der Sinneswahrnehmung irgendwelchen Einfluss hätten, abgesehen ferner von der zuerst durch Dove constatirten Thatsache der Tiefenwahrnehmung bei Ausschluss der Bewegung und der durch Volkmann und Panum nachgewiesenen relativen Langsamkeit der Augenbewegung, widerlegt sich die Brücke'sche Theorie hinreichend durch die von vielen Seiten constatirte Thatsache, dass das Einfachsehen zur Tiefenwahrnehmung gar nicht nöthig ist, sondern dass auch beim Doppeltsehen der Doppelbilder die Tiefenwahrnehmung in gesetzmässiger, wenn auch nicht so eindringlicher Weise eintritt (vergl. § 126 über den Ort der Trugbilder).

Nachdem Brücke's Theorie in ihrer ursprünglichen Form nicht mehr zu halten war, meinte man wohl auch, sie dadurch retten zu können, dass man sagte, es sei gar nicht nöthig, dass alle Doppelbilder wirklich durch Aenderungen der Convergenz auf identische Stellen geschoben würden, sondern es genüge zum Einfachsehen unsere auf Erfahrung basirende Ueberzeugung, dass eine Aenderung der Augenstellung (in diesem oder jenem Sinne) die Doppelbilder zu einfachen Bildern machen würde; daher es denn gar nicht nöthig sei, die Bewegung allemal erst auszuführen. Auch dieser Ansicht kann ich nicht beipflichten; denn sie macht das zum Ergebniss der Erfahrung, was lediglich Sache des primitivsten Empfindens ist. Auffällig aber war es, dass dieser Ansicht von Vertretern der Identität gehuldigt werden konnte; für die zeitherige Identitätslehre waren gekreuzte Doppelbilder genau gleichwerthig den ungekreuzten, und es war nicht abzusehen, wodurch man beide unterscheiden sollte.

Der zweite Erklärungsversuch wurde von Panum gemacht. Dieser vorzügliche Beobachter gab sich mit aller Unbefangenheit den Thatsachen hin, und es war die natürliche Folge seiner Unbefangenheit, dass er überall auf die richtige Behauptung zurückkam, der stereoskopische Effect müsse auf einer angebornen Empfindungsqualität beruhen. Denn diese Ansicht muss sich jedem aufdrängen, der ohne Vorurtheil die stereoskopischen Versuche studirt. PANUM analysirte nicht bloss die stereoskopischen Erscheinungen noch weiter, als es WHEATSTONE gethan, sondern er bereicherte auch dieses Gebiet durch die wichtigen Versuche, welche lehren, dass zur Herstellung des stereoskopischen Eindrucks gar nicht die Verschmelzung zweier Trugbilder nöthig ist, sondern dass auch ein Trugbild, sozusagen die Hälfte eines Doppelbildes, dazu ausreicht (vergl. § 126). Ferner untersuchte PANUM die schon von JOH. MÜLLER erörterte Thatsache des Farbenwettstreites und die Herrschaft der Contouren noch weiter in exacter und fruchtbarer Weise. Leider aber fand diese ausgezeichnete Arbeit nicht die verdiente Würdigung, sondern es erhob sich nur eine lebhafte Polemik gegen einige nebenbei gemachte Bemerkungen des Verfassers. PANUM hatte die Grenzen der Disparation untersucht, innerhalb deren ihm noch zwei Bilder verschmolzen, und nannte den Spielraum der Disparation, in welchem das Bild eines Punktes auf der einen Netzhaut liegen durfte, um mit einem unveränderlich liegenden Punktbilde auf der andern Netzhaut einfach gesehen zu werden, den correspondirenden Empfindungskreis des letzteren Netzhautpunktes. Es war aus Allem ersichtlich, dass PANUM hier nur einen functionellen Empfindungskreis meinte und nichts weiter that, als dass er die Thatsachen unter einen einfachen Ausdruck brachte: statt dessen wurde ihm imputirt, er habe von anatomischen Empfindungskreisen im Sinne E. H. WEBER's gesprochen, und über der Polemik gegen diesen angeblichen Irrthum wurde nicht nur der treffliche Hauptinhalt der Arbeit, sondern auch das Irrige derjenigen Hypothese vergessen, welche PANUM zur eigentlichen Erklärung der stereoskopischen Tiefenwahrnehmung aufgestellt hatte, und laut welcher die Augen die relative Lage zweier Richtungslinien zueinander empfinden sollten (»Empfindung der binocularen Parallaxe«). Diese Hypothese, die PANUM allerdings nur nebenbei gab, ist nur eine Umschreibung dessen, was erklärt werden soll. Ich glaube dieselbe schon in § 55—62 hinreichend widerlegt zu haben. Nach PANUM haben NAGEL und WUNDT diese Hypothese weiter ausgeführt, d. h. auch sie haben angenommen, der stereoskopische Eindruck entstehe dadurch, dass disparat liegende

Bildpunkte auf den Durchsehnittspunkt ihrer beiden Richtungslinien bezogen würden, nur dass sie dies nicht aus einer »Empfindung«, sondern aus einer »unbewussten Construction« seitens der »Seele« erklärten. NAGEL und noch mehr WUNDT haben überhaupt die ganze Lehre vom binocularen Sehen auf den Kopf gestellt und in unerhörte Widersprüche mit den Thatsachen der Erfahrung hineingetrieben. —

Je ungebildeter ein Sensorium ist, desto weniger unterscheidet es; die Feinheit der Unterscheidung wächst mit der Uebung. Wie das nicht musikalische Ohr einen Accord für ein Ganzes, sozusagen für eine einfache Empfindung nimmt, während der nur einigermassen Musikalische drei und mehr Töne darin unterscheidet, wie überhaupt die feinere Unterscheidung verwandter Empfindungen selbst beim Erwachsenen nicht ohne längere Uebung möglich ist: so dürfen wir auch annehmen, dass das primitive Sensorium selbst sehr differente Empfindungen nur nach und nach unterscheiden lernt.

Die Licht- und Raumempfindungen werden sich in dieser Beziehung nicht anders verhalten; unterscheidet doch der Maler die Farben unendlich feiner als der Bauer, erkennt doch der Physiolog am Ende einer langen Versuchsreihe kleinere Distanzen als im Anfange. Was ist natürlicher, als dass auch zur Unterscheidung der Doppelbilder Uebung gehört, und dass der gewöhnliche Mensch nichts von denselben weiss? Hat er doch niemals Gelegenheit, sie als doppelt unterscheiden zu lernen; denn sie dienen ihm gleichsam nur zur Anmeldung von Dingen, die betrachtet sein wollen, und sein Blick gleitet, sobald sie sich bemerklich gemacht haben, sofort unter Leitung der Raumgefühle zu ihnen hin: so sieht er allemal das einfach, was er überhaupt genauer sehen will, und die Doppelbilder werden als solche nie Object einer genaueren Analyse.

Aber, wendet man ein, wenn das indirecte Sehen so flüchtig ist, dass nicht einmal die bisweilen räumlich so sehr verschiedenen Doppelbilder als doppelt unterschieden werden, wie ist es möglich, jene feinen Unterschiede in der Anordnung der Bilder nach der Tiefe zu erkennen, wie dies bei feineren stereoskopischen Versuchen auch dem Ungeübten möglich ist? die Antwort ist leicht. Eine in einer Reihe von Accorden erklingende Melodie hört auch der Unmusikalische als eine Melodie, d. h. als eine Reihenfolge unterschiedener

Tonempfindungen. Er unterscheidet also jeden Accord von dem nächstfolgenden, aber nicht in jedem Einzelaccorde die verschiedenen einfachen Töne, aus denen er zusammengesetzt ist. So unterscheidet man auch beim stereoskopischen Sehen eine Anzahl vermeintlich einfacher Empfindungen sehr fein von einander, sowohl nach der Höhe und Breite als nach der Tiefe; aber hierbei bleibt man stehen, denn man ist nicht geübt genug, um mit absolut festem Blicke nun auch noch die zunächst für einfach genommenen Doppelbilder in ihre Bestandtheile aufzulösen und jedes der beiden Trugbilder für sich zu erkennen. Jedes Doppelbild gleicht sozusagen einem Accord von Raum- und Lichtempfindungen.

Wenn mehrere wirklich einfache Empfindungen zu einer scheinbar einfachen Gesammtempfindung zusammenfliessen, hat doch jede Einzelempfindung ihren Antheil an der Gesammtempfindung. So haben auch die doppelten Licht- und Raumempfindungen, welche ein Doppelbild enthält, sämmtlich Antheil an der einfachen Gesammtempfindung, welche daraus resultirt. Daher geht für die Empfindung eigentlich nichts verloren.

Zwei Empfindungen werden selbstverständlich um so schwieriger unterschieden, je ähnlicher sie sind. Die Achnlichkeit zweier Gesichtsempfindungen kann eine doppelte sein, d. h. räumlich oder in der Farbe. Daher werden 1) gleichgestaltete Bilder, weil sie analoge Complexe von Raumempfindungen auslösen, 2) einander im Sehraum sehr benachbarte Bilder, weil sie auf nah verwandten Raumempfindungen beruhen, und 3) ähnlich gefärbte Bilder am schwierigsten von einander unterschieden. Wenn man, wie dies besonders Volkmann an zahlreichen Beispielen erörterte, die Achnlichkeit zweier Bilder in einer der drei erwähnten Beziehungen mindert, so werden sie natürlich fortan leichter unterschieden. Aber dies beruht nicht, wie Volkmann wollte, darauf, dass die »Seele« etwa folgendermaassen calculirt: die Bilder sind so verschieden, folglich werden sie wohl nicht einem und demselben Gegenstande entsprechen, folglich sehe ich sie zweckmässiger doppelt, — sondern es beruht auf dem ganz allgemein gültigen Erfahrungssatze, den man ebenso einen physiologischen als einen psychologischen nennen kann, dass zwei Empfindungen um so schwerer zu sondern sind, je ähnlicher sie sind. Wenn man daher mit Volkmann »psychisch« erklären will, so muss man nicht das »Verschmelzen« der Doppelbilder für einen Act psychischer Arbeit halten, denn das Einfachsehen der Doppelbilder ist ein ganz primitiver Zustand, sondern man muss das **Doppeltsehen** der Doppelbilder »psychisch« erklären; dieses lernt man allerdings erst durch Uebung und Aufpassen. Ueberhaupt findet, wenn man einmal »psychisch« reden will, ein Verschmelzen der Doppelbilder seitens der Seele gar nicht statt, denn verschmolzen sind sie von vornherein, verschmolzen sind überhaupt alle gleichzeitigen Empfindungen, welche nicht gesondert werden; vielmehr darf man nur von einem **Ausbleiben der im Grunde doch möglichen Sonderung** zweier Bilder sprechen.

Diese Sonderung aber erlernt man durch Uebung. Man lernt mit der Zeit doppelt sehen, wo Andere einfach sehen. Ich selbst empfinde fast alle einfachen, nur mit Linien und Punkten ohne Schattirung ausgeführten stereoskopischen Zeichnungen doppelt, soweit sie sich nicht identisch abbilden. Aber was auf Deckstellen liegt, kann ich nie doppelt empfinden, höchstens kann ich die beiden durcheinander gehenden Zeichnungen in verschiedener Entfernung sehen und die stets einfach empfundenen Farben abwechselnd auf die näheren oder ferneren Contouren beziehen.

Das Einfachsehen mit disparaten Netzhautstellen beruht also nicht darauf, dass gesondert ins Bewusstsein getretene Empfindungen erst nach Analogie der Erfahrung, oder durch das neuerdings beliebt gewordene, **innerhalb des Bewusstseins unbewusst** vor sich gehende Schlussverfahren, also jedenfalls durch einen psychischen Act verschmolzen werden, sondern es beruht darauf, dass ins Bewusstsein tretende gemischte Empfindungen nicht in ihre Bestandtheile aufgelöst werden, sondern bleiben, was sie sind, ein an sich zwar Unterscheidbares aber nicht Unterschiedenes.

Das Einfachsehen mit Deckstellen ist andersartig; hier handelt es sich nicht um das Ausbleiben einer an sich möglichen Sonderung, sondern hier muss einfach empfunden werden, weil nichts mehr zu sondern ist. Die Erregungen identischer Stellen geben in jedem einzelnen Augenblicke eine einfache, wenngleich zuweilen im Wettstreite der Netzhäute veränderliche physiologische Resultante, die sich im Bewusstsein nicht wieder in ihre zwei Factoren auflösen lässt.

§ 126.

Vom Orte der Trugbilder.

Der Laie weiss nichts oder nur zufällig von Doppelbildern. Wir können daher, ohne uns erheblich von der Wahrheit zu entfernen, die Doppelbilder im Allgemeinen für eine Folge besonderer Aufmerksamkeit und Uebung erklären. Dass sie beim gewöhnlichen Sehen nicht wahrgenommen werden, beruht wie gesagt, abgesehen von andern bekannten Gründen, vorzugsweise auf dem ganz allgemein gültigen Umstande, dass zwei Empfindungen um so schwerer gesondert werden, je näher sie einander verwandt sind. Die Doppelbilder sind aber im Allgemeinen einander sehr ähnliche Farben- und Raumempfindungen. Ausserdem ist schon erwähnt worden, inwiefern die grosse Beweglichkeit des Auges und die im Allgemeinen geringe Achtsamkeit auf die excentrischen Netzhautbilder für gewöhnlich alle Uebung im Auflösen eines Doppelbildes in seine Einzelbilder vereitelt.

Durch Uebung im festen Fixiren und im indirecten Sehen erlangt man zugleich eine grosse Fertigkeit im Unterscheiden der Bestandtheile eines Doppelbildes, d. h. im Doppeltsehen. Angenommen nun, man hat diese Fertigkeit erworben, so fragt sich, wo sicht man die Trugbilder? Die sehr verbreitete Annahme, nach welcher die Trugbilder auf einer durch den Fixationspunkt gehenden Fläche erscheinen sollten, habe ich schon vor längerer Zeit widerlegt und zugleich gezeigt, dass die Hartnäckigkeit, mit welcher man diese Annahme vertheidigt hatte, lediglich aus dem Bedürfniss entsprang, das Erscheinen der Trugbilder mit der Richtungslinientheorie in Einklang zu setzen. Neuerdings haben nun auch Volkmann und Helmholtz sich von jener älteren Annahme losgesagt. Jedem Unbefangenen wird es leicht sein, sich zu überzeugen, dass die Trugbilder im Allgemeinen weder in einer durch den Fixationspunkt gehenden Ebene, noch auf den Richtungslinien oder Visirlinien erscheinen.

Die Motive der Localisation der Trugbilder fliessen im Wesentlichen aus zwei Quellen: diese sind erstens die Raumgefühle der Netzhaut, zweitens die Erfahrung im weitesten Sinne des Wortes.

Die Localisation der Trugbilder auf Grund der Erfahrung habe ich schon früher nebenbei berücksichtigt, als ich das Schema für die Sehrichtungen der Trugbilder entwickelte. Um einen Anhalt für den Ort zu haben, welchen ein Trugbild auf der ihm (nach dem Gesetze der identischen Sehrichtungen) zukommenden Sehrichtung einnimmt, habe ich den idealen Fall gesetzt, die Trugbilder würden relativ zum Kernpunkte des Sehraumes so localisirt, wie sie relativ zum Fixationspunkte wirklich liegen; denn in der That ist das ideale Ziel aller auf Grund der Erfahrung und des Urtheils erfolgenden Localisation dieses, die Bilder in derselben relativen Anordnung zu sehen, welche den entsprechenden Dingen in Wirklichkeit zukommt. Aber ich habe natürlich von Anfang an und später wiederholt darauf hingewiesen, dass diese Annahme nur gemacht sei, um ein Schema zu gewinnen, und dass das gegebene Schema nur in Betreff der Sehrichtungen der Trugbilder streng gültig sei. Dies muss ich hier, erfolgten Missverständnissen gegenüber, nochmals wiederholen.

Jetzt handelt es sich nun aber nicht mehr um erworbene Motive der Localisation, sondern um die Tiefenlocalisation der Trugbilder auf Grund der Tiefenwerthe ihrer Netzhautbilder.

Setzen wir den idealen Fall, jedes Trugbild wäre, so oft es gesehen wird, eben vollständig siegreich über die Reizung, die gleichzeitig von der zugehörigen Deckstelle der andern Netzhaut kommt, so würde jedes Trugbild denjenigen Tiefenwerth haben, welcher ihm durch seine Lage auf der Netzhaut zukommt. Das Schema für den Ort der Trugbilder wäre dann leicht zu entwerfen. Allein mancherlei Umstände vereiteln die Gültigkeit eines solchen Schema's. Während nehmlich beim gewöhnlichen Sehen allerdings die Doppelbilder meist mit ihren vollen Tiefenwerthen in das Sensorium eintreten, weil durch die fortwährenden Bewegungen der Augen die bezüglichen Contouren auf immer andere Netzhautstellen treten und dadurch ihre Tiefenwerthe immer gleichsam wieder auffrischen, sodass sie stets Sieger im Wettstreite bleiben: geht bei festem Stillstand der Augen jedes Trugbild im Wettstreite periodisch unter, d. h. es wird übertönt von der andersartigen Empfindung, welche die bezügliche Deckstelle des andern Auges erweckt, und es mischt sich demnach nicht nur des Trugbildes Farbe mit der Farbe dieser Deckstelle, sondern auch sein Tiefenwerth mit dem entgegengesetzten Tiefenwerthe der

Deckstelle. Daher oscillirt das Trugbild in der Farbe sowohl als in Betreff seines Tiefenwerthes zwischen den zwei Extremen des Wettstreites hin und her, und der somit veränderliche Tiefenwerth bedingt es, dass das Trugbild, jemehr es erblasst, um so mehr sich der Kernfläche des Schraums nähert und beim Erlöschen gleichsam in diese zurückfällt. Hierzu kommt nun noch, dass bei irgend ausgedehnten Trugbildern der Wettstreit nicht immer in allen Theilen des Trugbildes gleiche Phasen zeigt, dass vielmehr das Trugbild stückweise Sieger und Besiegter im Wettstreite ist, wodurch eine sichere und feste Localisation ganz unmöglich wird. Drängen sich auf diese Weise Stücke des auf der betreffenden Deckstelle der andern Netzhaut liegenden Bildes mit ihren entgegengesetzten Tiefenwerthen in das Trugbild derart hinein, dass sie gleichsam Bestandtheile desselben werden, so kann die Localisation sogar entgegengesetzt der a priori zu erwartenden ausfallen.

Daher verliert das Tiefsehen oder sogenannte stereoskopische Sehen sofort an Eindringlichkeit und Sicherheit, sobald (man anhaltend fest fixirt und demzufolge) die Doppelbilder nicht mehr einfach gesehen werden, sondern sich für die Wahrnehmung in ihre beiden Trugbilder auflösen. Daher auch vermag der im Doppeltsehen sehr Geübte die einfachen, nicht schattirten, nur mit Punkten und Linien auf gleichfarbigem Grunde ausgeführten stereoskopischen Zeichnungen öfters gar nicht mehr oder nur mühsam stereoskopisch zu sehen, während sie dem Ungeübten den schönsten Eindruck machen.*) Natürlich gilt dies nicht von den complicirteren Stereoskopenbildern, bei denen Licht und Schatten, Perspective etc. mitwirken.

Während also die Tiefenlocalisation der Trugbilder durch den Wettstreit der Netzhäute eine grosse Unsicherheit bekommt, gilt nicht dasselbe von ihrer Localisation nach Breite und Höhe. Denn der Höhen- und Breitenwerth kann vermöge des Gesetzes vom com-

---

*) So sah ich neulich eine nur mit Punkten ausgeführte stereoskopische Zeichnung wieder, welche ein Polyeder darstellte und mir früher einen überraschenden stereoskopischen Effect gemacht hatte. Ich war nicht mehr im Stande, die Gestalt des Polyeders zu erkennen, obgleich ich den Fixationspunkt absichtlich wechselte und den Blick gleichsam über dem Bilde hin- und herschweifen liess.

plementären Antheil der Netzhäute am Sehraume durch den Wettstreit nicht alterirt werden; deshalb nicht, weil die beiden in den Wettstreit eintretenden Höhen- und Breitenwerthe nicht nur gleiche Grösse, sondern auch gleiches Vorzeichen haben. Beide Werthe leiden also ebensowenig unter dem Wettstreite, als das auf Deckstellen fallende Weiss (vergl. § 121). Hierauf beruht die Sicherheit in der Localisation der Trugbilder nach Höhe und Breite.

Die durch den Wettstreit der Tiefenwerthe bedingte Unsicherheit der Tiefenlocalisation der Trugbilder, sofern diese Localisation nur auf Grund der Raumgefühle der Netzhaut erfolgt, ist Ursache, dass die folgenden Versuche mit Trugbildern nicht so zwingend scheinen, wie die stereoskopischen Versuche mit einfach gesehenen Doppelbildern. Deshalb werde ich besonders solche Versuche vorführen, welche auch von andern Forschern angestellt worden sind, Forschern, welche nicht für die im Obigen entwickelte Theorie voreingenommen sein konnten. Man wird finden, dass die Uebereinstimmung ihrer Angaben mit den Forderungen der Theorie eine durchgehende ist.

a. **Gekreuzte doppelseitige Trugbilder erscheinen diesseits, ungekreuzte doppelseitige jenseits der Kernfläche.** Fixirt man einen Punkt symmetrisch, so sieht man die beiden Trugbilder eines in der Medianlinie gelegenen Objectes näher oder ferner als den fixirten Punkt, je nachdem das Object diesseits oder jenseits des Fixationspunktes liegt. Es haben nehmlich gekreuzte doppelseitige Trugbilder, weil sie den äussern Netzhauthälften angehören, Nahwerthe, ungekreuzte, als den innern Netzhauthälften angehörig, Fernwerthe relativ zum Kernpunkte des Sehraumes. HELMHOLTZ hat neuerdings diese von mir wiederholt hervorgehobene Thatsache bestätigt.*)

b. Bringt man zwei Kügelchen auf feinen Drähten an, oder hängt sie an feinen Fäden auf, sodass sie horizontal nebeneinander quer vor dem Gesichte liegen und eine geringere Distanz als die Augen haben, so kann man die zwei innern Trugbilder der Kugeln bekanntlich durch entsprechende Stellung der Augen zusammenschie-

---

*) Archiv f. Ophthalmol. Bd. X. Abth. I. S. 27.

ben und einfach sehen. Gleichzeitig erscheinen die beiden andern, excentrisch gelegenen Trugbilder nicht in gleicher Ferne, wie das verschmolzene Kugelbild, sondern näher; sofern sich nämlich die Gesichtslinien hinter den Kugeln kreuzen. Auch dies widerspricht der Annahme, dass alle Doppelbilder in gleicher Ferne wie der Fixationspunkt erscheinen. Die Erklärung dieser ebenfalls bis jetzt unerklärten Thatsache ergiebt sich nun leicht. Die beiden excentrischen Bilder fallen auf symmetrische Stellen der äussern Netzhauthälften, bekommen also relativ zum Kernpunkte des Schraumes, d. i. zum scheinbaren Ort des verschmolzenen Kugelbildes, einen Nahwerth und erscheinen demnach näher.

Kreuzt man die Gesichtslinien vor den Kugeln, so stellen die excentrischen Bilder sozusagen ein ungekreuztes Doppelbild dar, liegen auf den innern Netzhauthälften und werden demnach jenseit der im Kernpunkt erscheinenden Kugel gesehen, wie der Versuch ebenfalls lehrt.

Benütze ich statt der frei im Raume befindlichen Kugeln z. B. Marken auf einem Papier, so erhalte ich ein ganz anderes Resultat, weil dann die erworbenen Motive des Tiefsehens die Raumgefühle der Netzhaut übertönen. Dies ist nicht etwa individuell, sondern verhält sich ebenso bei Andern. Niemand sieht, wie ich wiederholt erörtert habe, z. B. zwei auf Papier gezeichnete Buchstaben von der Distanz der Augen, wenn er auf jeden von beiden eine Gesichtslinie einstellt, als einen riesengrossen Buchstaben auf einem riesengrossen Papier in weitester Ferne, sondern einen einfachen Buchstaben von wenig geänderter Grösse und Ferne. Daher solche Versuche sehr geeignet sind, das angebliche Sehen nach Richtungslinien zu widerlegen.

Manche können, wenn sie die Gesichtslinien gekreuzt auf zwei solche Buchstaben oder Marken einstellen, einen einfachen Buchstaben vor dem Papiere schweben sehen; während auf dem Papiere selbst die beiden excentrischen Bilder erscheinen. Die Erklärung ist hier ebenso einfach. Die Entfernung des Papiers ist bekannt, daher es ungefähr da gesehen wird, wo es wirklich ist. Die excentrischen Trugbilder haben gemäss den Raumgefühlen der Netzhaut einen grössern Fernwerth, als der, den Kernpunkt des Schraumes einnehmende Buchstabe; folglich erscheint letzterer näher, und erscheinen erstere ferner und erklärlicher Weise auf dem Papiere, welches den Hintergrund des Ganzen bildet. Ob der im Kernpunkt erscheinende Buchstabe hierbei gerade im Durchschnittspunkt der Gesichtslinien gesehen wird, ist für das Wesen des Versuchs gleichgültig. Das Nährerscheinen des mittlen Buchstabenbildes wird dadurch sehr unterstützt, dass Viele nicht fest fixiren können und die Augen aus der etwas anstrengenden Convergenz immer wieder in eine schwächere Convergenz zurückgleiten lassen. Die Folge ist, dass nun auch das anfangs einfache Mittelbild wieder in zwei Bilder zerfällt, die ein gekreuztes Doppelbild darstellen und demnach ein Nahgefühl auslösen. Durch dieses Nahgefühl aber wird unwillkührlich die Convergenzmusculatur stärker innervirt, um die beiden Bilder wieder auf die Netzhautmitten zu bringen und zu verschmelzen. So liegt im Versuche selbst eine fortdauernde Gelegenheit zur Erweckung des Nahgefühles und dem entsprechender Localisation des Mittelbildes. Daher glaube ich auch, dass meine lange Uebung im festen Fixiren mich hindert, das Mittelbild näher zu sehen, als die seitlichen Bilder. Die Ruhe der Augen vereitelt das Zerfallen des Mittelbildes und somit auch eine Auffrischung des Nahgefühls; vielmehr wird letzteres durch die Erfahrungsmotive der Localisation übertönt. Denn in der That sehe ich das Mittelbild ein wenig ferner als die seitlichen, was sich aus der grösseren Entfernung des fixirten Buchstabens vom Auge erklärt.

c. Die beiden Trugbilder eines einseitigen, d. h. auf entsprechenden Netzhauthälften liegenden Doppelbildes haben, wie erwähnt, entgegengesetzte Tiefenwerthe, d. h. das eine müsste der Theorie nach vor, das andere hinter der Kernfläche erscheinen, sofern überhaupt beide Trugbilder unterschieden und nicht, wie gewöhnlich, ungesondert empfunden werden. Es ist vom höchsten Interesse und war mir ein zwingender Beweis für die wesentliche Richtigkeit der oben entwickelten Theorie, dass ich die einseitigen Doppelbilder bei ganz fester Fixation wirklich so sehe, wie es die Theorie fordert. Es handelt sich hierbei nicht um einen Einfluss der Reflexion, sondern die Erscheinung tritt auch gegen meine Intention ein, und oft wenn ich es am wenigsten erwarte. Halte ich eine Stecknadel nahe vor's Gesicht und fixire sie symmetrisch, halte ferner einen feinen schwarzen Draht ein wenig nach links von der linken Gesichtslinie, aber näher als die fixirte Stecknadel, sorge schliesslich durch passende Stellung der Blickebene und der Objecte dafür, dass alle Bilder auf Längsschnitte fallen und also parallel erscheinen: so sehe ich zunächst und überhaupt immer dann, wenn meine Augen sich irgendwie, wenn auch sehr wenig bewegen, die beiden Trugbilder des näheren Drahtes zwar gesondert, aber beide näher als die fixirte einfach erscheinende Stecknadel. Fixire ich aber anhaltend fest und concentrire meine ganze Aufmerksamkeit möglichst auf die fixirte Stecknadel, so tritt das eine, dem linken Auge angehörige Trugbild plötzlich hinter die Stecknadel und erscheint mit solcher Energie jenseit derselben, dass ich diesen Eindruck durchaus dem zwingenden Eindrucke vergleichen muss, mit welchem Stereoskopenbilder sich plötzlich in die Tiefe ausbreiten. Die Erscheinung tritt gerade dann am sichersten ein, wenn ich am wenigsten daran denke. Die geringste Schwankung des Blickes aber, oder auch nur der Gedanke an das zweite näher erscheinende Trugbild, versetzt das andere sogleich wieder vor die Kernfläche; denn es tritt dann die Beziehung beider Bilder auf ein und dasselbe Object ein und stört den rein sinnlichen Eindruck. Aber auch ganz von selbst verschwindet die Erscheinung, sobald das Trugbild infolge der Ruhe des Auges in eine ungünstige Phase des Wettstreites eintritt, wie dies oben erörtert wurde. Daher denn mancherlei sich vereinigt, um den Versuch zu stören. Ueberhaupt kann ich ihn nur Denjenigen empfehlen, die grosse Uebung im indirecten Sehen haben und wirklich fest fixiren können, nicht bloss es zu können glauben. Man lernt das feinste Doppeltsehen nicht in einem Jahre, auch nicht in zweien. — Der ganze Versuch lässt sich sofort umkehren, wenn man statt des ferneren den näheren Draht fixirt. Die sonstigen Modificationen ergeben sich gleichfalls von selbst.

d. Schliesslich gehören hierher einige zuerst von Panum angegebene Versuche, bei denen es sich nicht eigentlich um Doppelbilder, sondern vielmehr um einfach vorhandene Trugbilder handelt. Bietet man unter dem Stereoskop dem rechten Auge einen Punkt oder Vertikalstrich *c*, dem linken dergl. zwei, *a* und *b*, so sieht man zwei Punkte oder Striche, von denen der linke ferner, der rechte näher erscheint. Dabei ist die rechte Gesichtslinie immer auf den ihrem Auge allein sichtbaren Punkt oder Strich *c*, die linke Gesichtslinie bald auf den linken *a*, bald auf den rechten *b* des ihrem Auge sichtbaren Punkt- oder Strichpaares *a*, *b* eingestellt. Bildet sich der linke *a* auf der linken Netzhautmitte ab, so fällt das Bild des rechten *b* auf die äussere Netzhauthälfte und bekommt einen Nahwerth, bildet sich dagegen der rechte *b* auf der linken Netzhautmitte ab, so fällt das Bild des linken *a* auf die innere Netzhauthälfte und hat somit einen Fernwerth. Ersterenfalls wird *a* und *c* zu einem Bilde verschmolzen und erscheint im Kernpunkt, während *b* vermöge seines Nahwerthes diesseit des Kernpunktes und zugleich nach rechts von letzterem erscheint; andernfalls werden *b* und *c* verschmolzen und *a* erscheint vermöge seines Fernwerthes jenseit des Kernpunktes aber nach links. Beidenfalls also erscheint das rechts liegende Bild näher. Ganz analog ist es, wenn man in die Richtungsebene der rechten vertikalen Trennungslinie zwei parallele Drähte bringt, sodass dem rechten Auge der hintere durch den vordern verdeckt wird, während das linke Auge bald den einen, bald den andern fixirt.

§ 127.
Von der Lage des Kernpunktes relativ zum Ich.

Wie aus § 124 hervorgeht, darf man von einer Localisation des Kernpunktes nur sprechen, sofern sich bereits das Ich als ein räumliches Wesen den Anschauungsbildern gegenüberstellt. Denn für das rein primitive Sehen ist vielmehr der Kernpunkt des Sehraumes Ausgangspunkt aller Localisation. Man könnte daher das Verhältniss umkehren und vielmehr von einer Localisation des Ich relativ zum Kernpunkte des Sehraumes sprechen. Es wäre dies in einer Beziehung angemessener; aber ich folge hier dem in anderer Hinsicht auch berechtigten Sprachgebrauche.

Sobald sich im Bewusstsein das Ich als ein räumliches Wesen festgesetzt hat, wird es zum Ausgangspunkte der Localisation nicht sowohl der Einzelbilder als vielmehr des ganzen Sehraumes überhaupt. Denn die Einzelbilder des Sehraumes behalten zunächst ihre auf den Raumgefühlen der Netzhaut beruhenden Relationen unter sich und zum Kernpunkte bei, und man kennt also alle räumlichen Beziehungen des Ich zu den einzelnen Anschauungsbildern, wenn man das räumliche Verhältniss zwischen dem Vorstellungsbilde des eignen Leibes und der Kernfläche des Sehraumes kennt, denn in letzterem Verhältnisse sind die ersteren implicite mit enthalten.

Die Localisation des Kernpunktes nach der Dimension der Tiefe, d. h. die scheinbare Entfernung des fixirten Punktes soll nach den jetzt herrschenden Ansichten von den Muskelgefühlen abhängen, welche angeblich die Spannung der äusseren und inneren Augenmuskeln mit sich bringt. Auf Grund dieser Gefühle soll der Fixationspunkt da gesehen werden, wo er wirklich ist, d. h. im Durchschnittspunkte der Gesichtslinien.

Dass jedoch eine irgend genauere Kenntniss der Entfernung des fixirten Punktes lediglich auf Grund der Augenstellung nicht besteht, hat bereits Wundt ausführlich gezeigt (Zeitschr. f. rat. Medic. III. Reihe. XII. Band. S. 146), und dass wir in zahllosen Fällen die Bilder der Netzhautmitten ganz wo anders sehen, als auf den Gesichtslinien, wurde von mir hinreichend dargethan. Wundt ist trotzdem ein eifriger Vertheidiger der Muskelgefühle und will wenigstens die bekanntlich zweifellos mögliche Unterscheidung des Näheren vom Fernen auf diese Muskelgefühle zurückführen.

Analysiren wir aber die einzelnen Versuche, so lässt sich leicht zeigen, dass die Muskelgefühle eine überflüssige Annahme sind; ganz abgesehen davon, dass sie, wie aus zahlreichen anderweiten Versuchen hervorgeht, überhaupt nicht existiren.

Wenn wir in einen Raum blicken, der z. B. nichts enthält, als einen vertikalen Faden, und dessen Hintergrund der helle Himmel bildet, so werden dabei unsere Augen zunächst entweder parallel gerichtet sein, oder, wenn wir von vornherein Etwas in der Nähe befindliches vermuthen, eine von dieser Vorstellung der Nähe abhängige Convergenz haben. Ersteren Falls wird uns der Faden gekreuzte Doppelbilder geben, welche uns ein Nahgefühl erwecken. Dem entsprechend wird das motorische Centrum der Convergenzbewegungen innervirt, die Augen beginnen zu convergiren und diese Bewegung dauert so lange fort, als noch ein gekreuztes Doppelbild besteht, also auch das Nahgefühl noch ausgelöst wird. Wenn dann schliesslich die Fadenbilder auf die mittlen Längsschnitte fallen und zugleich die Augen zum Stehen kommen, so wird der Faden selbstverständlich näher gesehen werden, als er gesehen worden wäre, wenn er schon beim ersten Blicke identische Bilder gegeben hätte, und seine scheinbare Nähe wird um so bedeutender sein, je stärker und länger dauernd die Nahgefühle und je umfangreicher dementsprechend die Bewegungen der Augen gewesen sind. Daher denn die der Wirklichkeit einigermaassen entsprechende Localisation des Fadens ganz erklärlich ist. Die Annahme irgendwelchen Muskelgefühles wäre hierbei mindestens überflüssig.

Sind wir aber an den Versuch schon mit dem Vorurtheil gegangen, es befinde sich ein Object in der Nähe, so wird diese Vorstellung der Nähe die Augen schon zuvor in eine gewisse Convergenz gebracht haben, und je nachdem nun diese zufällig der wirklichen Ferne des Fadens entspricht, oder aber, wie meistens der Fall sein wird, zu gross oder zu klein ist, wird der Faden ein ungekreuztes oder gekreuztes Doppelbild geben, und mit Hülfe des durch dasselbe erweckten Tiefengefühles die ungefähre Vorstellung, die wir von vornherein von der Lage des Objectes hatten, in dem oder jenem Sinne corrigirt werden.

Sind auf diese Weise die Gesichtslinien auf den Faden eingestellt worden, so wird immer noch ein anhaltendes Festhalten der Vorstellung der Nähe erforderlich sein, um die zur Erhaltung des bezüglichen Convergenzgrades nöthige Innervation der Musculatur fortbestehen zu lassen. Sobald aber diese Innervation nachlässt, werden auch die Augen beginnen, in ihre Ruhstellung zurückzugehen, d. h. ihre Convergenz wird sich mindern. Dabei gleiten die Bilder des Fadens von den mittlen Längsschnitten seitwärts auf die äusseren Netzhauthälften, bekommen also einen Nahwerth und lösen entsprechend ein Nahgefühl aus, welches seinerseits wieder eine Verstärkung der Convergenz zur Folge hat. So ist für eine immer neue Auffrischung des Gefühls oder der Vorstellung der Nähe gesorgt, und zwar wird diese Auffrischung um so häufiger und intensiver sein, je anstrengender die Augenstellung, d. h. je stärker die Convergenz der Gesichtslinien und je näher also der Faden ist.

Immer geht also hierbei Gefühl oder Vorstellung der Nähe den Convergenzbewegungen der Augen voran, ist Ursache nicht Folge dieser Bewegung. Daher, wie gesagt, die Erklärung des Nahsehens aus Muskelgefühlen nicht nur überflüssig, sondern auch als eine Umkehrung des wahren Sachverhältnisses erscheint.

Der Convergenzgrad der Augen als solcher, d. h. der Spannungszustand der betreffenden Muskeln hat also nach dieser Ansicht durchaus keinen Einfluss auf die Localisation des Kernpunktes relativ zum Ich, wie ich dies schon im ersten Hefte d. Beitr. ausgesprochen habe; vielmehr sind es allein die von der Netzhaut her ausgelösten Tiefengefühle, beziehendlich die aus anderweiten Motiven resultirende Vorstellung der Nähe oder Ferne, welche die scheinbare Tiefe des Fixationspunktes bedingen. Das Netzhautbild und die Erfahrung im weitesten Sinne des Wortes bestimmen allein die Sehferne des Kernpunktes, wie ich das schon früher hervorhob.

Da also die Convergenz- und Divergenzbewegungen der Augen

unter der Herrschaft der Tiefengefühle oder -vorstellungen stehen und sich unwillkührlich denselben anpassen, so ist für gewöhnlich eine gewisse Harmonie zwischen Augenstellung und Tiefsehen des Fixationspunktes die natürliche Folge: hieraus erklären sich leicht alle jene Versuche, welche zum Beweise dafür angeführt zu werden pflegen, dass aus den Muskeln stammende centripetal geleitete Gefühle die Tiefenlocalisation bestimmen sollen.

Was von den Convergenz- und Divergenzbewegungen der Augen gilt, das gilt auch von den innern Accommodationsbewegungen des Auges, sofern ja doch letztere Bewegungen den ersteren sich unwillkührlich associiren. Hierüber ist also für jetzt nichts hinzuzufügen und höchstens auf das zu verweisen, was ich schon in § 56 über diesen Punkt vorgebracht habe.

Wie die gegensinnigen Bewegungen des Doppelauges unter der Herrschaft der Tiefengefühle oder -vorstellungen, so stehen die gleichsinnigen Bewegungen unter der Herrschaft der Richtungsgefühle oder -vorstellungen, genauer der Gefühle oder Vorstellungen der Höhe und Breite. Die, der Richtung des binocularen Blickes (d. i. der Halbirungslinie des Convergenzwinkels) ungefähr entsprechende Lage der Hauptsehrichtung erklärt sich also ganz in derselben Weise ohne Hülfe der Muskelgefühle, wie die Tiefenlocalisation des Kernpunktes.

Die Localisation des Kernpunktes überhaupt ist also abhängig theils von den Raumgefühlen, welche die, das Sensorium eben beherrschenden Netzhautbilder auslösen, theils von der aus irgendwelchen Motiven der Erfahrung resultirenden Vorstellung, die wir uns von der Lage des fixirten Punktes machen, Erfahrungsmotiven, welche entweder aus früherer Zeit stammen, oder soeben erst bei einer mit Hülfe der Augenbewegung angestellten Durchmusterung des Sehraumes gewonnen wurden. Durch eine Aenderung der Localisation des Kernpunktes werden aber die innern Verhältnisse des Schraumes (subjectiven Raumes) in nichts geändert; der gesammte Schraum wird gleichsam als ein festes Ganze relativ zum Ich verschoben; es wird sozusagen die Lage des Coordinatensystems, auf welches die Bilder bezogen werden, relativ zum Vorstellungsbilde des Leibes geändert.

Nicht bloss willkührliche Bewegungen der Augen, sondern auch solche des Kopfes oder ganzen Körpers haben solche relative Translocationen des gesammten Sehraumes zur Folge. Aber diese Translocation ist nicht abhängig von der wirklich ausgeführten Bewegung, sondern lediglich von der **Vorstellung**, die wir uns von der veränderten Lage unseres Doppelauges, Kopfes oder Körpers machen, gleichviel ob diese Vorstellung eine richtige ist oder nicht. Anderweite Erfahrungen über die wirkliche Lage der Aussendinge sind uns dabei fortwährend behülflich, unsere Vorstellung von der Lage unseres Körpers der Wirklichkeit entsprechend zu machen. Erzeugen wir uns ein strichförmiges Nachbild auf den mittlen Längsschnitten der Netzhäute, schliessen dann die Augen und neigen unsern Kopf und Oberkörper seitwärts, so neigt sich das Nachbild mit, d. h. der Sehraum folgt dieser unserer Bewegung. Neigen wir uns nun soweit seitwärts, bis das Nachbild scheinbar horizontal liegt und öffnen dann die Augen z. B. gegenüber einer Wand, so sehen wir zu unserer Ueberraschung das Nachbild auffallend schräg auf der Wand liegen und einen sehr starken Winkel mit den Horizontalcontouren der Wand machen. Die **wirkliche** Neigung des Kopfes entspricht nämlich bei dieser ungewohnten Bewegung nicht der **Vorstellung**, die wir uns von dieser Neigung machen; wir neigen den Kopf viel stärker als wir glauben. Demnach entspricht nun auch die Lage des Sehraumes nicht der Lage der Aussendinge. Sobald wir aber die Augen öffnen, erkennen wir die Täuschung; nun imponiren uns die Contouren der Wand als wirklich horizontale, und sofort corrigiren wir die falsche Lage des Sehraumes, drehen denselben gleichsam noch um das Stück weiter, um welches er hinter der Wirklichkeit zurückgeblieben ist, und sehen nun das Nachbild entsprechend schief. Derlei Beeinflussungen der scheinbaren Lage der Dinge durch unsere Erfahrung über das in der Aussenwelt wirklich Horizontale oder Vertikale kommen in jedem Augenblick vor. Und ebenso häufig sind auch anderweite Correcturen. Schliessen wir z. B. ein Auge und blicken mit dem andern auf eine vertikale, der Antlitzfläche parallele Ebene, so müsste uns diese gemäss den Tiefengefühlen der einen Netzhaut als eine zur Antlitzfläche schräg gestellte Ebene erscheinen. Aber wir localisiren sie doch nicht anders, als wenn wir sie mit beiden Augen sähen. Die Kernfläche des Sehraumes macht gleichsam eine Achtelswendung. Einäugige oder Jäger, die oft nur ein Auge gebrauchen, beziehen die Lage der Dinge nicht mehr auf ihr Doppelauge, sondern nur auf das eine, mit welchem sie eben sehen, d. h. die Sehrichtungen gehen für sie nicht von der Mitte zwischen beiden Augen, sondern nur von einem Auge aus, denn sie lernen allmählich dem Sehraume eine constant andere Lage relativ zum Ich zu geben, welche der Wirklichkeit besser entspricht, als die ursprüngliche. Der Doppeläugige hat dies nicht nöthig, weil beide Augen ihre Fehler im Allgemeinen gegenseitig aufheben; wenn er aber ein Auge schliesst, täuscht er sich auch über die Richtung der Aussendinge, solange er nicht besonders gelernt hat, diese Täuschung zu eliminiren.

Kritik einer Abhandlung von Helmholtz über den Horopter*).

§ 128.

I. »Vertheilung der correspondirenden Punkte in beiden Sehfeldern«. Helmholtz rechnet diesmal unter folgenden Voraussetzungen:

1) Bei horizontal und parallel geradeausgestellten Augen liegen die horizontalen Trennungslinien in der Blickebene. Dies ist, wie ich schon früher angab, für meine Augen nicht der Fall, und dasselbe fand später Volkmann an sich und drei anderen Herren. Vielleicht Folge der Myopie.

Helmholtz meint, dass die horiz. Trennungslinien bei der erwähnten Augenstellung nur dann nicht in der Blickebene lägen, wenn man die Augen soeben andauernd für die Nähe gebraucht habe. Dies gilt für mich keineswegs; denn ich habe sie oft nach längerem Aufenthalte im Freien oder früh sofort nach dem Erwachen untersucht. Volkmann und die erwähnten drei Herren stellten lange Versuchsreihen mit parallelen Gesichtslinien an, sodass schon durch die Dauer der Versuche ein erheblicher Einfluss des von Helmholtz erwähnten Umstandes ausgeschlossen scheint.

2) Horizontale und vertikale Trennungslinien schneiden sich scheinbar nicht rechtwinklig, sondern unter einem Winkel, dessen Tangente man findet, wenn man die Höhe der

*) Archiv f. Ophthalmol. Bd. X. Abth. I.

Augen über dem Boden durch die halbe Augendistanz
dividirt. — Letztere Annahme stimmt nicht mit den bisher bekannt
gewordenen Thatsachen.

Da meine halbe Augendistanz $34,5^{mm}$, die Höhe meiner Augen
über dem Boden 1586^{mm} (excl. Fussbekleidung) beträgt, so würde nach
obiger Annahme ein Winkel von $88^0\ 45'$ zu erwarten sein, d. h. die
Abweichung vom Rechten würde $1^0\ 15'$ betragen: statt dessen beträgt
sie bei mir (bei ruhender Accommodation) etwa $0^0\ 20'$. Demnach
müsste ich, um mit dieser kleinen Abweichung der HELMHOLTZ'schen
Annahme zu genügen 5930^{mm}, d. h. 19 preussische Fuss lang sein.
Die von VOLKMANN untersuchten Herren müssten, ihre Augendistanz
$= 64^{mm}$ (das mittle Maass) gesetzt, folgende ansehnliche Längen haben: Prof. VOLKMANN über 7' (oder wenn die Augendistanz die gleiche
wäre, wie bei HELMHOLTZ und mir, $7\frac{1}{2}'$), Prof. WELCKER $9\frac{1}{2}'$ (oder
10'), Dr. SCHWEIGGER-SEIDEL 12' (oder beinahe 13'), stud. KÄHERL
$12\frac{1}{2}'$ (oder beinahe $13\frac{1}{2}'$). Es würde also nur Prof. VOLKMANN der
Annahme einigermaassen genügen. Mit Unrecht statuirt HELMHOLTZ
für VOLKMANN eine Abweichung von $1^0\ 4'$; es ist von diesem Werthe
noch die Abweichung der horizontalen Trennungslinie von der Blickebene abzuziehen, sodass man $1^0\ 4' - 0^0\ 13' = 0^0\ 51'$ erhält.

Wenn HELMHOLTZ die Beobachtungen v. RECKLINGHAUSEN's über
das Schiefsehen eines rechtwinkligen Kreuzes als Stütze seiner eigenen
Angaben anführt, so beruht dies auf einem Missverständniss. v. RECKLINGHAUSEN sah ein rechtwinkliges aufrechtstehendes Kreuz dann
schiefwinklig, wenn es nicht über 250^{mm} vom Gesicht entfernt und zugleich seine Ebene senkrecht zur Medianlinie, also zur Gesichtslinie geneigt war, und zwar nahm die scheinbare Verzerrung des Kreuzes zu,
je näher dasselbe dem Gesichte war. Lag die Gesichtslinie senkrecht
zur Ebene des Kreuzes, so wurde eine Verzerrung nicht wahrgenommen; die scheinbare Lage der vertikalen oder horizontalen Trennungslinie war also sehr veränderlich und
zwar abhängig von der Lage des Kreuzes zum Auge.
v. RECKLINGHAUSEN nahm deshalb mit Recht keine Rücksicht auf diese
sehr variable Verzerrung, als er den Horopter berechnete. HELMHOLTZ
dagegen hat, um eine Basis für seine neue Rechnung zu gewinnen, angenommen, die Anordnung der Richtungslinien sei eine constante,
von optischen Aenderungen unabhängige. Der Beweis
für die Richtigkeit dieser Annahme ist noch zu führen:
keinenfalls aber dürfen die Beobachtungen v. RECKLINGHAUSEN's als
eine Bestätigung derselben angesehen werden.

3) Eine analoge Abweichung wie die vertikale Trennungslinie, d. h. der mittle Längsschnitt der Netzhaut
zeigen auch die seitlichen Längsschnitte, sodass das ganze
System der Längsschnitte zu dem System der Querschnitte geneigt
erscheint. Diese Annahme habe ich aus mathematischen Gründen

und auf Grund eines Versuchs von v. RECKLINGHAUSEN, welcher gut dazu stimmt (s. S. 245), ebenfalls gemacht. Ein exacter Beweis für dieselbe fehlt jedoch bis jetzt.

Der nette Versuch, welchen HELMHOLTZ (l. c. S. 4) zum Beweise anführt, besticht mehr als er beweist. Wer exacte Versuche über den Ortsinn der excentrischen Netzhautpartieen angestellt hat, wird wissen, dass man dabei den Augen möglichst wenig Objecte bieten darf. Eine Figur, wie die von HELMHOLTZ angegebene, durch welche die Netzhaut mit Contouren überschüttet und die Aufmerksamkeit völlig zersplittert wird, ist zu obigem Zwecke nicht brauchbar. Uebrigens giebt mir der Versuch nicht entfernt das von HELMHOLTZ angegebene Resultat, wie schon aus meinen früheren Angaben von selbst folgt.

Die unter 1) und 2) erwähnten Annahmen würden also, wenn sie HELMHOLTZ bei genauerer Messung für seine Augen bestätigt fände, für jetzt noch als individuell anzusehen sein; 3) kann man als wahrscheinlich und für die Rechnung sehr bequem gelten lassen.

Ich würde diese scheinbar so unwesentlichen Abweichungen des HELMHOLTZ'schen Schema's von dem zeither üblichen nicht so genau erörtert haben, wenn nicht HELMHOLTZ eine ganze Theorie darauf gebaut hätte, die ich unten zu widerlegen suchen werde.

Im Uebrigen hat HELMHOLTZ ganz denselben Weg eingeschlagen, den ich schon in § 77—82 gefolgt bin, obwohl er für dieselben Dinge durchgehends andere Bezeichnungen gewählt hat, als die von mir schon früher eingeführten; warum, hat er nicht angegeben. Er benützt, wie ich, eine Hülfskugelfläche, um von der factischen Gestalt der Netzhaut unabhängig zu werden, nennt dieselbe aber »Sehfeld«, was ich nicht praktisch finde, weil es Anlass zu Missverständnissen geben wird. Die Abmessung der Netzhaut erfolgt auch bei HELMHOLTZ nach Höhe und Breite, d. h. nach Quer- und Längsschnitten.

Wenn HELMHOLTZ nicht, wie ich, den Kreuzungspunkt der Richtungslinien, sondern den der Visirlinien als Mittelpunkt der Hülfskugelfläche nimmt, so wird dadurch in der Rechnung selbst nichts geändert. Ich hatte übrigens Grund, es nicht zu thun. Denn eine allgemeine Horopterbestimmung ist nur unter der Annahme möglich, dass das Ferne und Nahe bei einer und derselben Augenstellung gleich scharf gesehen wird. Will man erst die Zerstreuungskreise mit einrechnen, so verliert man die allgemeine Grundlage für die Rechnung. Denn der besondre Fall, dass man völlig isolirte d. h. frei im Raume oder auf einer homogenen Fläche liegende

Punkte oder Linien sieht, kommt in Wirklichkeit verhältnissmässig
selten vor, und nur für solche Fälle haben die Visirlinien
überhaupt einen Sinn. Die Contouren ausgedehnter Objecte unterliegen ganz anderen Gesetzen, weil man dieselben durchaus nicht für gewöhnlich in die Mitte des Gebietes ihrer Zerstreuungskreise verlegt — es müsste sonst keine Irradiation geben. Die
Visirlinien sind daher für das gewöhnliche Sehen nur
von untergeordneter Bedeutung und die Horopterberechnung wird nicht exacter, wenn man auf sie Rücksicht nimmt.

II. »Form des Horopters.« HELMHOLTZ bestimmt den Horopter, wie ich dies früher in meiner ersten Arbeit (§ 77—82) ebenfalls gethan habe, mit Hülfe des Längs- und Querhoropters, nennt jedoch ersteren Vertikal-, letzteren Horizontalhoropter. Ich selbst habe solche Bezeichnungen, welche die Vorstellung einer bestimmten Lage relativ zum Erdhorizonte erwecken, absichtlich vermieden, daher ich auch meine ältere Bezeichnung im Folgenden beibehalten werde.

Zunächst wird von HELMHOLTZ die Gleichung für die Gesammtheit derjenigen Partialhoropteren entwickelt, welche durch zwei entsprechende Ebenenbüschel erzeugt werden, deren Axen in der Aequatorialebene des Auges liegen. Diese Gleichung (5) ist unrichtig. Sie würde nur richtig sein, wenn HELMHOLTZ das alte Schema der Identität zu Grunde gelegt hätte. Wollte man aus zwei nach dieser Gleichung bestimmten Partialhoropteren den Totalhoropter ableiten, so würde man für eine und dieselbe Augenstellung, je nach der Wahl der Partialhoropteren, verschiedene Totalhoropteren erhalten, während doch der Totalhoropter nur einer sein kann.

Der Fehler ist, dass HELMHOLTZ den Winkel η ganz allgemein
gleich η' gesetzt hat. Aber das Wesen des von HELMHOLTZ angenommenen Schema's liegt gerade darin, dass diese beiden Winkel im Allgemeinen nicht gleich sind, sondern dass dies nur der Fall ist für die
Abmessung der Netzhaut nach Längsschnitten und Querschnitten, d. h.
wenn man bei der Abmessung vom horizontalen und scheinbar vertikalen Meridian ausgeht. Es ist HELMHOLTZ das eigentliche mathematische
Princip des von ihm selbst angenommenen Schema's entgangen. Dasselbe beruht darauf, dass die Richtungs- oder Visirlinienbüschel projectivisch sind.

Dieser Fehler ist zwar fundamental, hat aber auf die weitere
Rechnung keinen Einfluss gehabt, weil HELMHOLTZ glücklicherweise

gerade die beiden Partialhoropteren berechnet hat, auf welche allein die im Allgemeinen ungültige Gleichung passt. Er betont jedoch selbst, dass dies für das Wesen seiner Rechnung zufällig ist.

Als Totalhoropter, den HELMHOLTZ übrigens Punkthoropter nennt, bezeichnet er den Durchschnitt zweier der erwähnten Partialhoropteren, d. h. »im Allgemeinen eine Curve doppelter Krümmung, wie sie durch die Durchschneidung zweier Hyperboloide entsteht.«

Dies ist unrichtig und erweckt ungemässe Vorstellungen von der Curve. Denn jener Satz besagt, die Curve sei vierten Grades, und in der That findet HELMHOLTZ weiterhin für gewisse einfache Specialfälle allemal eine Curve vierten Grades, während doch die Curve, wie ich zeigte, nur dritten Grades ist.

Eine Curve, wie sie bei Durchschneidung zweier einschaliger Hyperboloide entsteht, kann sehr verschiedene Gestalt haben. Die durch den Durchschnitt zweier geradliniger Partialhoropteren entstehende Curve ist nur ein besonderer Fall unter den möglichen. Diese Besonderheit entsteht dadurch, dass die beiden Partialhoropteren stets eine Gerade gemein haben. Der Hauptfehler ist der, dass HELMHOLTZ diese Gerade mit zum Horopter rechnet, während sie doch zwar zum Durchschnitt der Partialhoropteren, aber nicht zum Totalhoropter gehört. Daher denn letzterer nicht eine Curve vierten, sondern nur dritten Grades ist.

Es war auch hier ein günstiger Zufall, dass HELMHOLTZ gerade den Längs- und Querhoropter zur Rechnung benützte, denn hierbei fällt die erwähnte Gerade hinter die Augen, kommt also praktisch nicht in Betracht. Hätte aber HELMHOLTZ z. B. den Längs- und den Meridianhoropter benützt, so wäre der Fehler auch praktisch sehr ins Gewicht gefallen.

Längshoropter und Querhoropter, wie sie HELMHOLTZ richtig entwickelt, weichen natürlich in Nichts (ausser in ihrer relativen Lage zu einander) von den Angaben ab, die ich theils schon in § 77 bis 82, theils § 103 über dieselben gemacht habe.

Einen Fehler begeht HELMHOLTZ noch insofern, als er von der Kegelfläche des Längshoropters der symmetrischen Augenstellungen dasjenige Stück ausschliessen will, »welches nach innen zwischen denjenigen beiden geraden Linien liegt, die von der Spitze des Kegels durch die beiden Centra der Visirlinien gezogen sind. Die Punkte dieses Stückes würden sich nämlich, sagt HELMHOLTZ, in beiden Sehfeldern zwar in gleichen Abständen von den scheinbar verticalen Meridianen aber nicht auf correspondirenden Seiten derselben abbilden«. Dies ist unrichtig. Ein ähnlicher Irrthum findet sich schon in der ersten Arbeit von Helmholtz in Betreff des Meridianhoropters.

Wenn bis hierher, trotz der verschiedenen Voraussetzungen der Rechnung, die Arbeit von Helmholtz (abgesehen von den eben erwähnten Fehlern) mit der meinigen in vollem Einklang sein musste, so werden doch in Betreff der Gestalt des Totalhoropters die Ergebnisse verschieden sein müssen, weil nach dem neuen Schema Längs- und Querhoropter eine andere Lage zu einander haben, und also ihr Durchschnitt anders ausfällt. Daher stammen die abweichenden Angaben von Helmholtz, auf die ich hier nicht näher einzugehen brauche, weil sie in der Form, wie sie Helmholtz vorträgt, nur individuelle Bedeutung haben. Denn weder liegen bei andern Beobachtern die horizontalen Trennungslinien in der Blickebene der Primärstellung, noch ist die Primärstellung bei Allen zugleich eine Horizontalstellung, noch ist das Listing'sche Gesetz streng gültig. Die von Helmholtz gegebene Construction passt daher nur gerade für seine Augen. Wer ein Interesse daran hat, die Lage des Totalhoropters für eine bestimmte symmetrische Augenstellung zu kennen, wird zuvor die Lage seiner Trennungslinien bei dieser Augenstellung bestimmen, und darnach die Lage der Horoptergeraden und der Ebene der Horoptercurve trigonometrisch suchen müssen, keineswegs aber wird er die Helmholtz'sche scharfsinnige Construction benützen dürfen.

Wie sehr hierbei durch eine kleine Verschiedenheit der Voraussetzungen die Form des theoretischen Totalhoropters abgeändert werden kann, zeigt sich z. B., wenn man die Angaben von Helmholtz mit denen vergleicht, welche ich S. 246 auf Grundlage eines, dem Helmholtz'schen ganz analogen Schema's gemacht habe. Ich habe dort nicht, wie Helmholtz, von Hyperbeln und Parabeln, sondern nur von Ellipsen gesprochen. Der Fall der Parabeln und Hyperbeln kann nehmlich nur eintreten, wenn man mit Helmholtz annimmt, dass bei der Primärstellung die horizontalen Trennungslinien in der Blickebene liegen. Nun hatte ich aber dort nur die Angaben von Volkmann vor mir, welche eine solche Annahme nicht zuliessen. Nach diesen Angaben und nach meiner Erfahrung liegen bei der Primärstellung die inneren Enden der »Horizontalaxen« (Queraxen) über der Blickebene. Der Fall einer parabolischen oder hyperbolischen Horopterlinie ist nur möglich, wenn sowohl die »Horizontalaxen« als die »scheinbaren Vertikalaxen« sich unterhalb der Blickebene schneiden, und zugleich der Fixationspunkt erheblich fern liegt. Ehe nun die innern Enden der Horizontalaxen unter die Blickebene gedreht werden können, muss nach Listing's Gesetz der Fixationspunkt den Augen schon so nahe gerückt sein, dass eine hyperbolische oder parabolische Horopterlinie nicht mehr möglich ist. Daher denn auch hieraus hervorgeht, dass eine Berücksichtigung aller individuellen Besonderheiten mancherlei unwesentliche Weitläufigkeiten mit sich bringt.

Es passen also meine S. 246 (übrigens wegen der Unwichtigkeit der Sache nur nebenbei gemachten) Angaben zwar nicht für die Augen von Helmholtz, wohl aber für alle Diejenigen, deren Augen bisher auf die Lage ihrer Trennungslinien untersucht worden sind.

Bei Aufzählung der Fälle, in denen der Totalhoropter aus einer Geraden und einem Kegelschnitte besteht, hat Helmholtz den von mir auf S. 246 berücksichtigten Fall übersehen, wo trotz unsymmetrischer Augenstellung, doch identische Meridiane in der Blickebene liegen, ein Fall, der bei Annahme des alten Schema's nicht eintreten konnte.

Will man das Horopterproblem auch auf Grundlage des neuen Schema's der Identität erschöpfend lösen, so muss man es allgemeiner fassen, als Helmholtz gethan. Geometrisch geschieht dies in ganz analoger Weise, wie ich dies in § 99—105 für das alte Schema gethan habe. Man hat nur zu bedenken, dass die beiden Strahlbüschel zwar projectivisch aber nicht projectivisch gleich sind.

Die Partialhoropteren haben dann im Allgemeinen nicht mehr jene besonderen Eigenschaften, wie sie in § 100 angegeben wurden, d. h. die einschaligen Hyperboloide und die Kegel sind nicht mehr stets solche, dass ihre Kreisschnitte zu einem ihrer Strahlen rechtwinklig liegen, die hyperbolischen Paraboloide sind nicht immer gleichseitige, die Ebenenpaare schneiden sich nicht stets rechtwinklig. Nur vom Längs- und Querhoropter gelten die in § 103 gemachten Angaben nach wie vor. Der Totalhoropter ist nach wie vor dritten Grades, aber er liegt nicht immer auf einem Kreiscylinder, sondern nur auf einem Cylinder überhaupt, und in den besonderen Fällen besteht der Totalhoropter nicht immer aus einem Kreise und einer Geraden, sondern aus einem Kegelschnitte und einer Geraden. Dies würden die Hauptergebnisse der allgemeinen Lösung des Problems sein, auf welche Helmholtz jedoch nicht eingegangen ist.

Für den Geometer entstehen also aus der Einführung des neuen Schema's der Identität keinerlei neue Schwierigkeiten; es wird nur der allgemeine Fall an Stelle des besonderen gesetzt. Dem nicht mathematisch Geübten aber bringt das neue Schema soviel Schwierigkeiten und hemmt ihm so sehr die Uebersicht, dass ich schon aus diesem Grunde stets zunächst das alte Schema, als einen, idealen Fall, der Betrachtung zu Grunde gelegt wissen möchte; und dies um so mehr, als die im neuen Schema angenommene Anordnung der Richtungslinien nicht nur relativ grossen individuellen Verschiedenheiten unterliegt, sondern auch vielleicht bei demselben Individuum eine ganz veränderliche ist, je nach der Lage der Objecte und der Accommodation des Auges.

III. »Bedeutung des Horopters beim Sehen«. Dieser Abschnitt der Arbeit leidet an einem fundamentalen Fehler. Was im Totalhoropter liegt, soll nach HELMHOLTZ's Ansicht am richtigsten, d. i. der Wirklichkeit am entsprechendsten localisirt werden. Hiervon gilt, wie oben gezeigt wurde, so ziemlich das gerade Gegentheil. Alles was im Horopter liegt, erscheint (bei Ausschluss aller anderweiten Motive der Localisation) in der Kernfläche des Schraumes, d. h. in einer zur Hauptschrichtung senkrechten Ebene; **folglich kann im Allgemeinen die scheinbare Gestalt und Lage des im Horopter Gelegenen seiner wirklichen Gestalt und Lage nicht entsprechen.**

HELMHOLTZ führt nur zweierlei zum Beweise an: erstens den in § 118 b von mir besprochenen Versuch, welcher, wie ich zeigte, seine Ansicht nicht nur nicht beweist, sondern vielmehr widerlegt, und zweitens die bekannte Thatsache, dass eine Landschaft ihre scheinbare Tiefenausdehnung verliert und mehr wie ein blosses Gemälde erscheint, wenn man sie mit seitwärts geneigten oder verkehrt gehaltenem Kopfe betrachtet. HELMHOLTZ ist nehmlich der Ansicht, dass im Allgemeinen die Fussbodenfläche der Totalhoropter der horizontal und parallel geradeaus gestellten Augen sei. Wie ich (S. 216 und 302) erörterte, würde bei dieser Augenstellung der Totalhoropter eine der Blickebene parallel und unterhalb derselben gelegene Ebene dann sein, wenn die horizontalen Trennungslinien in der Blickebene lägen und die vertikalen nach unten convergirten. Da nun ersteres bei den bis jetzt darauf untersuchten Personen, wie oben gezeigt wurde, nicht der Fall ist, so kann schon darum ihr Horopter bei der erwähnten Augenstellung keine Ebene, sondern nur eine der

Blickebene parallele in der Medianebene gelegene Gerade sein*) (vergl. § 79). Wollten wir aber gleichwohl annehmen, die horizontalen Trennungslinien lägen bei jener Stellung in der Blickebene; so würde uns die Messung der Lage der vertikalen Trennungslinien zeigen, dass die Ebene des Horopters nicht mit der Fussbodenfläche zusammenfallen kann, sondern unterhalb derselben liegen muss. Denn wie oben schon gezeigt wurde, steht Helmholtz mit der von ihm angenommenen grossen Divergenz seiner Trennungslinien (2° 26') ganz allein, und fanden andere Beobachter viel geringere Werthe.

Bis jetzt hat also die Fusshoroptertheorie keinen empirischen Halt. Gesetzt aber, die Augen von Helmholtz wären die normalen und die der fünf anderen Beobachter die abnormen, so fragt sich, was wir dadurch gewinnen könnten, dass der Totalhoropter der parallel und horizontal geradeaus blickenden Augen im Fussboden läge · eine genauere Erkenntniss der wirklichen Lage des Fussbodens, d. h. seiner horizontalen Ausdehnung, wie dies Helmholtz will, gewiss nicht. Hätten wir keine anderweite Erfahrung über die wirkliche Lage des Fussbodens, so würde uns derselbe, sobald er in die Horopterebene oder ihr parallel zu liegen kommt, vielmehr als eine vertikale Fläche erscheinen müssen. Dass er dies, beim Blick in die weite Ferne, nicht thut, sondern annähernd horizontal, d h. schwach nach dem Horizonte aufsteigend erscheint, ist lediglich in unserer Erfahrung über seine wirkliche Lage begründet, daher wir ihn denn mit einem Auge ebensoweit hingestreckt sehen, wie mit zweien. In Betreff des im Horopter Gelegenen leistet nehmlich das Doppelauge durchaus nicht mehr als das Einauge, wie oben gezeigt wurde.

Helmholtz legt grosses Gewicht auf das veränderte Aussehen der Landschaft, wenn man sie verkehrt ins Auge fallen lässt. Aber er hat übersehen, dass man diesen Versuch ganz mit demselben Effecte auch mit nur einem Auge anstellen kann. Hierbei ist ein Einfluss des Horopters selbstverständlich ausgeschlossen. Es ist schon wiederholt darauf hingewiesen worden (u. A. von Förster), dass wir viel geneigter und geübter sind, das auf der Netzhaut tiefer Gelegene ferner, das höher Gelegene näher zu sehen

---
*) Abgesehen von einem praktisch nicht in Betracht kommenden Kegelschnitte.

als umgekehrt. Dies lässt sich leicht im Kleinen zeigen. Man spanne eine Anzahl parallele Fäden über einen Rahmen und halte die Fläche des Rahmens der Antlitzfläche parallel und so, dass die Fäden vertikal liegen. Schliesst man dann ein Auge und neigt den Rahmen mit dem obern Ende vom Gesichte weg, so kann diese Neigung ziemlich stark werden, ehe wir den Eindruck des Parallelismus der Fäden verlieren (wenn wir uns nicht geradezu Mühe geben, sie convergent zu sehen); neigen wir dagegen den Rahmen entgegengesetzt, so scheinen die Fäden schon bei ganz geringer Neigung nach unten zu convergiren. Dieser Versuch erklärt sich leicht aus unserer langen Gewohnheit, horizontale Flächen von oben herab zu sehen und sie der Wirklichkeit gemäss auszulegen; der erwähnte Landschaftsversuch, soweit derselbe nur das wirklich in der Horopterebene Gelegene betrifft, fällt unter dieselbe Erklärung.

Sofern es sich also um die Wahrnehmung der horizontalen Lage des Fussbodens handelt, nützt uns die Divergenz der Trennungslinien beim Blick in weite Ferne nichts, sondern schadet vielmehr, wie sich leicht zeigen lässt. Helmholtz legt noch Gewicht darauf, »dass auch, wenn wir einen gerade vor uns liegenden, nicht unendlich entfernten Punkt der Fussbodenfläche fixiren, zwar nicht die ganze Fläche Horopter ist, aber doch wenigstens die gerade mediane Horopterlinie immer noch ganz in der Bodenfläche liegt«. Was meine Augen betrifft, so giebt mir z. B. eine Eisenbahnschiene, wenn ich sie fixire, schon bei noch sehr ferner Lage des Fixationspunktes mit ihrem jenseit des letzteren gelegenen Theile ungekreuzte, mit ihrem näher liegenden gekreuzte Doppelbilder[*]), wodurch also das Erkennen ihrer wirklichen Lage erleichtert, d. h. der Eindruck der angenähert horizontalen Lage erhöht wird; denn die ungekreuzten Doppelbilder erscheinen ferner als die gekreuzten.

Helmholtz erwähnt auch, dass das Relief der Bodenfläche feiner unterschieden werde, wenn letztere im Horopter liegt, als andernfalls, und dies ist richtig. Aber das Relief unterscheiden, und das Relief im Ganzen richtig localisiren, d. h. lang hingestreckt sehen, sind zwei ganz verschiedene Forderungen, die sich sogar bis zu einer gewissen Grenze gegenseitig ausschliessen.

---

[*]) Wie ich bei schwacher Divergenz oder Erhöhung der Convergenz leicht erkennen kann.

Wie von mir gezeigt wurde, erscheint alles im Längshoropter Gelegene im Allgemeinen in der Kernfläche, welche ursprünglich eine Ebene ist, die aber die verschiedenste Gestalt annehmen kann, wenn die in ihr liegenden Bilder noch der auf Erfahrung und Urtheil beruhenden Tiefenauslegung unterliegen; letzteres ist aber kein binoculares, sondern nur monoculares Tiefsehen, denn es ist beim einäugigen Sehen genau ebenso eindringlich. Alles ausserhalb des Längshoropters Gelegene giebt Doppelbilder, die ausserhalb, d. h. vor oder hinter der Kernfläche erscheinen. Je näher nun eine Anzahl Punkte dem Längshoropter liegt, desto kleiner sind die Tiefenwerthe ihrer einfach gesehenen Doppelbilder. Kleine Raumgrössen aber werden mittels der Netzhaut feiner in ihrer Grössenverschiedenheit erkannt, als grosse, weil sich nach dem bekannten WEBER'schen Gesetze das Unterscheidungsvermögen auch der extensiven Empfindungen nicht an die absoluten, sondern an die relativen Unterschiede knüpft. **Daher denn bis zu einer gewissen natürlichen Grenze die Tiefenunterscheidung der einfach gesehenen Doppelbilder um so feiner ist, je näher der Kernfläche sie erscheinen, d. h. je kleiner ihre Tiefenwerthe sind.** Mit andern Worten heisst dies, ein Relief wird als solches, d. h. in Betreff der feineren körperlichen Ausarbeitung bis zu einer gewissen Grenze um so feiner unterschieden, je näher es dem Längshoropter liegt. Um ein Beispiel anzuführen, so würde eine Reliefkarte ceteris paribus am feinsten gesehen werden, wenn man sie in den Längshoropter brächte, d. h. also, wenn man ihr beim Nahesehen eine cylindrische oder kegelförmige Krümmung gäbe: ihre Gestalt im Ganzen, d. h. ihre Krümmung würde dann zwar verkannt, aber das Detail des Reliefs am feinsten unterschieden werden. Ebenso würde der gänzlich Unerfahrene, d. h. nur auf die Raumgefühle der Netzhaut Angewiesene, wenn der Fussboden in seinem Längshoropter oder, was hier dasselbe bedeutet, im Totalhoropter läge, die wirkliche Lage desselben völlig verkennen, d. h. er würde ihn vertikal sehen, aber er würde zugleich das Relief des Fussbodens relativ am feinsten unterscheiden können.

HELMHOLTZ hat für die erwähnte Annahme, dass das im Horopter selbst Gelegene am richtigsten localisirt werde, keinerlei Erklärung versucht. Hätte er es gethan, so hätte er sich dabei lediglich auf die Richtungslinien- oder Projectionstheorie stützen können; und ich glaube in der That, dass seine ganze Horoptertheorie noch als eine versteckte Folge seiner früheren Hinneigung zu jener, seitdem hinreichend widerlegten Theorie des Sehens anzusehen ist. Auch in der Arbeit von HELMHOLTZ über die Augenbewegungen verrieth es sich wiederholt, dass der scharfsinnige Forscher sich noch keineswegs von jener irrigen Theorie, ihren Voraussetzungen und Folgerungen hinreichend freigemacht hat.

www.ingramcontent.com/pod-product-compliance
Lightning Source LLC
Chambersburg PA
CBHW030359170426
43202CB00010B/1429